138億年の宇宙絶景図鑑

高橋　典嗣
Takahashi Noritsugu

ベスト新書
462

序章

人類と驚異の天文現象

1994年11月3日、パラグアイで観測した皆既日食。黒くなった太陽の周りには真珠色の美しいコロナの姿が現れ、闇に包まれた地平線は夕焼けのように赤く染まっている。コロナの左上に金星、左下で木星が輝いている。

46億年前から変わらない天の川のきらめき

46億年前、地球誕生のそのときから、夜空には天の川がかかっていた。地球に生命が宿った太古の時代、やがて生まれた人類にとって、夜空にかかる天の川や無数の星々の輝きはいかほどだったか。そのきらめきに、人々は感動や畏怖、神秘の念を覚えたことだろう。天の川は1年を通じて見ることができるが、日本では、夏がもっとも明るく見応えがある。夏の風物詩・七夕は、そんな天の川の美しい光景から定着した物語だ。

七夕のストーリーは、中国の織姫星（おりひめぼし）と彦星（ひこぼし）（牽牛星（けんぎゅうせい））の伝説がもとになっている。かねてより日本には、川や水はけがれを祓う存在とされ、夏前に稲の成長と雨乞いを祈願する「棚機津女（たなばたつめ）」という巫女を据える行事があった。棚機津女の記述は、水辺で機（はた）を織りながら、神の訪れを待つ少女として『古事記』にも残っている。そして、雨乞いの儀式が、次第に農村での水神祭として大きくなり、中国の「織姫と彦星の再会のロマンス」が融合、現在のような七夕祭りになったのである。

「天の川　水蔭草の　秋風に　靡かふ見れば　時は来にけり」

飛鳥時代の歌人・柿本人麻呂も、水際で揺れる草と、織姫星と彦星の逢瀬を心待ちにするようすを重ねて、このロマンスを詠んでいる。時を近代に戻すと、たとえば小説家・芥川龍之介が「銀漢の　瀬音聞ゆる　夜もあらむ」（「銀漢」は天の川を意味する）と、闇夜に川音が聞こえそうなほど美しくきらめくようすを歌にしている。

雲のように漂う天の川は、英語でミルキー・ウェイと呼ばれる。語源はギリシア神話で、女神ヘラと夫で全能の神であるゼウスの逸話からきている。ヘラの不死の力を得させようと、ゼウスが眠っている彼女の母乳を赤ん坊のヘラクレスに吸わせたが、ヘラが驚き起きたことで乳が飛び散ってしまった。その母乳の飛沫が、天の川になったというもの。天の川は、洋の東西を問わず、神話や寓話に結びつけられる大きな存在だったのだ。

南半球で見る天の川には、南十字星や石炭袋、カリーナ星雲が加わりにぎやかである。宮沢賢治の代表作『銀河鉄道の夜』に登場する南十字星や大マゼラン銀河は南半球でよく見える天体だ。旅は北十字（はくちょう座）に始まり、天の川に沿って南十字で終わる。賢治は、見たことのない南半球の夜空に思いをはせて執筆したのであろう。

さそり座、銀河の中心方向、
いて座の星々が輝く天の川。

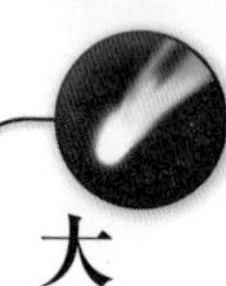

大彗星や流星群、隕石落下の衝撃

夕暮れや明け方の空に突然現れ、長い尾を引いて輝く彗星。前ぶれもなく姿を見せることから、古来よりそれは、大災害や変事の前兆だと恐れられていた。実際の彗星は氷などの揮発性の物質で、尾は太陽へ近づくことで噴出したガスやダストで形成されている。

最古とされる彗星観測の記述は、紀元前240年、秦の始皇帝がハレー彗星を見たというもの。日本では684年のハレー彗星の記述が『日本書紀』に見られる。中世ヨーロッパでは、ウイリアム1世によるイングランド征服の物語をつづった刺繍『バイユーのタペストリー』に、1066年3月に回帰したハレー彗星が描かれている。その直前の1月にイングランド王が没し、その王位を継承したハロルド2世が同年10月に戦死したことから、「彗星は訪れるであろう不運への警告」と考えられるようになった。

夜空にスーッと光の線を描き、瞬間的に消えてしまう流れ星。これは氷やチリなどが大気圏に飛び込み、衝撃波により加熱されて輝く現象だ。流星物質の多くは、彗星が太陽に近づいたときにまき散らしたダストに由来する。彗星の軌道が地球の軌道と交差していると、毎年同じ時期にダストが地球の大気圏に飛び込み流れ星（流星群）となる。流星群にはしぶんぎ座流星群（1月3日に極大＝以下同）、ペルセウス座流星群（8月13日）、しし座流星群（11月17日）、ふたご座流星群（12月15日）などがあり、例年決まった時期に出現数が極大となる。なお、しし座流星群は、母彗星のテンペル・タットル彗星が回帰した直後に大出現する。最古の記録は902年で、1833年の出現では、北アメリカを中心に流星雨となって降り注ぎ、「この世も終わる」「世界中が火事になる」などと人々を恐れさせた記録が残っている。流れ星は上空で燃え尽きてしまうが、1mより大きな岩石質や金属質の小惑星が地球の大気圏に突入すると、燃え尽きずに地上へ落下することがある。これが隕石で、その記述は伝承や伝説に多く残る。日本には、10世紀末頃の隕石と思しき岩石を御神体として祀る、大阪府交野市の星田妙見宮（ほしだみょうけんぐう）がある。また、愛知県名古屋市の星宮社（ほしみやしゃ）には、舒明（じょめい）天皇の時代（629～641年）に天から星が降ったという伝説がある。隕石の正体がわからない時代、天空から輝き落ちたそれは神の遺いであり、祈祷や信仰の対象とされたのだ。小惑星が地上に衝突すると、衝撃はクレーターとして地形に刻まれる。

1066年のノルマン・コンクエスト（ノルマンディー公によるイングランド征服）の物語を描いた刺繍画、『バイユーのタペストリー』の一場面。画像右上には同年3月に現れたハレー彗星が描かれ、人々はそれを指さし恐れている。中世ヨーロッパで彗星は、迫りくる凶事を警告するものとされていた。

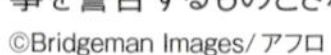

2007年、南半球で撮影されたマックノート彗星。ガスの尾が線状構造（シンクロニックバンド）をし、白昼でも肉眼で確認できる明るさを誇った。次の回帰は9万年後とされている。

©S.Deiries/ESO

太陽がつくった地球の影のなかに満月が入っていく皆既月食。真っ暗ではなく赤銅色に見えるのは、太陽の光が地球の大気で屈折し、地球の影のなかに入り込むため。
©Noritsugu Takahashi

月、地球、太陽が織りなす神秘——神話に残る日食と月食

太陽が完全に月に隠された瞬間、暗闇に包まれてコロナが現れる、荘厳な皆既日食。月が徐々に欠け、満月が不吉な赤銅色に見える皆既月食。どちらも、人類に身近な天体現象（食現象）だ。日食は、公転する月が地球と太陽のあいだを通り、一直線に並んだときに月の影が通過する地域で太陽が欠ける現象。月食は、地球が太陽と月のあいだを通るとき、同じく一直線に並んで、地球の影のなかに入った月が欠けて見える現象だ。どちらも太古から凶事を左右する現象として恐れられていた。とくに太陽は、神話で生命の源となる最高神として描かれ、『古事記』にある天照大神（あまてらすおおみかみ）が天岩戸（あまのいわと）に籠るという話も、日食を示している。紀元前600年頃、ギリシアの哲学者タレスが日食を予言し、当時東ヨーロッパで領土を争っていたメディア王国とリュディア王国の長期戦争を和平に導いたという記録もある。月食もまた、古代インカでは事象の混乱の象徴として、古代メソポタミアでは悪魔の出現を示し、いつもと違う空のようすは、物事の秩序を脅かす前ぶれとされていた。

目次　138億年の宇宙絶景図鑑

第3章　天の川銀河——直径10万光年の輝き

第4章　10万〜60億光年かなたにある銀河

第5章　60億〜138億光年かなたの深宇宙

スターバースト銀河 M82
［おおぐま座／1200万光年］

天体間の距離を求める「距離の梯子」

無限と考えられていた宇宙には始まりがあり、有限の空間であることを示すには、宇宙の距離を測る必要がある。空間にある2点間の距離は、基線（きせん）となる距離がわかれば三角測量により正確に計算可能だ。宇宙を測る際の基線となる地球の大きさは、紀元前230年頃、エジプトで活躍したギリシア人の学者エラトステネスが求めている。夏至の日、エジプトのシエネでは影がなくなるが、アレキサンドリアにできる影は約7度傾いていた。両地は5000スタジア離れており、それが地球全周の360分の7なのだから地球全周は25万スタジアと計算された。1スタジアは約900kmなので、地球の円周は4・5万km（現在は4万km）となる。

ヒッパルコスは、地球上の2地点で日食のときに太陽の欠け方が違うことから、三角視差により月までの距離を地球の半径の59倍と求めている。また、太陽と地球の距離は、1874（明治7）年12月9日に長崎、神戸、横浜で金星の日面経過を観測したイギリス、フランス、アメリカ、メキシコの観測隊により求められた。この観測は、1677年、偶然に水星日面経過を観測したハレーが、地球の離れた2地点で太陽面に投影される見かけの水星の位置のずれ（視差）から太陽までの距離を求められるとし、さらに、金星日面経過で観測すればより精度が高まると王立協会紀要に発表したことを受けている。そして1761年6月6日、1769年6月3日に観測したがブラックドロップ現象と時刻測定精度が悪いため太陽地球間の距離を求められなかった。それから、次に金星の日面通過が起こる105年後の1874年まで待たされ、地球と太陽の距離（1天文単位）を決定するに至ったのである。

太陽と地球の距離が決まると、1天文単位を基線として星の視差を観測し星までの距離が求められた。太陽にもっとも近くて明るいケンタウルス座α星の視差は、0・74秒。視差が1秒になるときの距離を1パーセク（pc）と定義すると、ケンタウルス座α星までの距離は1・35パーセク。光は1秒間に約30万㎞の速度で宇宙空間を伝搬する。光が1年間で進む距離を1光年と表すが、1パーセクの距離は3・26光年、ケンタウルス座α星までの距離は4・3光年となる。

宇宙での距離の単位には、太陽系内は天文単位（AU）、太陽系近傍の星までの距離にはパーセク（pc）、遠方の星や銀河までの距離には光年（ly）が使われる。

数十天文単位の太陽系内の惑星や衛星までの正確な距離は、天体にレーザーを照射して、その反射光を観測した時間差から求める。レーザー光を反射しない太陽は、金星日面経過やケプラーの法則を使って計算する。それより遠い２００パーセク（６５２光年）までの星の距離は、１ＡＵを基線とした三角視差を使って求めている。さらに遠い３万光年までの星の距離は、星の見かけの明るさ（実視等級）が、距離の２乗に反比例して減衰することから、スペクトルが似ている星の明るさを比較することで求められる。

　３万光年を超えて８０００万光年までの距離は、セファイド変光星の変光周期の観測から、６億光年までの距離はドップラー効果により求めた銀河の回転速度から、10億光年までの距離はIa型超新星の爆発が起こると求めることができる。さらに遠い１３０億光年までにある銀河までの距離は、赤方偏移の観測から求めた後退速度を使いハッブルの法則から求める。

　このように、宇宙空間における距離の測定方法は、距離に応じて測り方を変えて、より遠方の天体までの距離を求めていくことから「距離の梯子（はしご）」と呼ばれている。

2012年6月6日、太陽面を通過する金星（金星日面通過）。1874年、太陽面に投影される見かけの金星の位置のずれから太陽までの距離が求められ、その距離を1天文単位（AU）とした。
©Noritsugu Takahashi

第1章 天文学、天体観測の歴史

1999年12月、スペースシャトル・ディスカバリー号から撮影したハッブル宇宙望遠鏡。

メソポタミアで芽生えた天体の観測と記録

紀元前6000年頃、チグリス川とユーフラテス川に挟まれたメソポタミア地域に文明が開化した。肥沃な土地を利用して農耕が始まり、やがて集落が発達した。紀元前3300年頃になると、下流に都市国家が建設される。そうした都市には神殿が設けられ、人々は気候や収穫、戦争などについて神へ伺いを立てていた。

メソポタミアの人々は『天は神である』とし、天体の動きが地上のさまざまな出来事を支配していると考えて天体観測を行っていた。そして観測の結果、天は、星、太陽、月、惑星という4つのリズムで成り立っているとした。

星のリズムは、天の北極を中心に反時計回りに回転(日周運動)している。天球に貼りついて見える星を線で結んで星座をつくることで、星の配置が覚えやすくなり、1年の変化(年周運動)もつかみやすくなる。このようにして、メソポタミア地域を移動する遊牧民は、星座を手がかりに、自分たちがいる位置と季節の変化を知ろうとした。太陽は、1

年のリズムで高度と日没の位置を刻んでいる。そして彼らは、太陽の天球上の通り道（黄道）の星座を定めた。月は、約1カ月のリズムで満ち欠けを繰り返している。メソポタミアでは、月のリズムを暦（太陰暦）として使用していた。しかし、惑星の動リズムを理解することができなかった彼らは、惑星こそは予期できない運命や災難を司るものだとして占星術の原型を誕生させる。神官は、国家や王の運命を惑星の動きで占っていたのだ。

紀元前6世紀頃になると、メソポタミアの天文知識を集大成した『ムルアピン』と呼ばれる粘土板がつくられた。そこには、メソポタミア地域で見られた天体現象や66の星座などが詳細に記されている。また彼らは、日食や月食が6585・3212日（18年11日8時間）周期で繰り返されることもつかんでいた。たとえば、月食が起きた満月から223回目の満月のときに再び月食が起こることを知っていたのだ（これはサロス周期と呼ばれている）。皆既日食の場合は、1サロス後に8時間（経度で120度）ずれた地域で起こるので、同じ場所で再び見ることはできない。しかし、3サロス後の54年33日後には、同じ地域で見ることができる。こうしたメソポタミアの天体観測や5つの惑星、星座の名前などは、エーゲ海を渡ってギリシア文明へと受け継がれていった。

メソポタミア地域の概略図

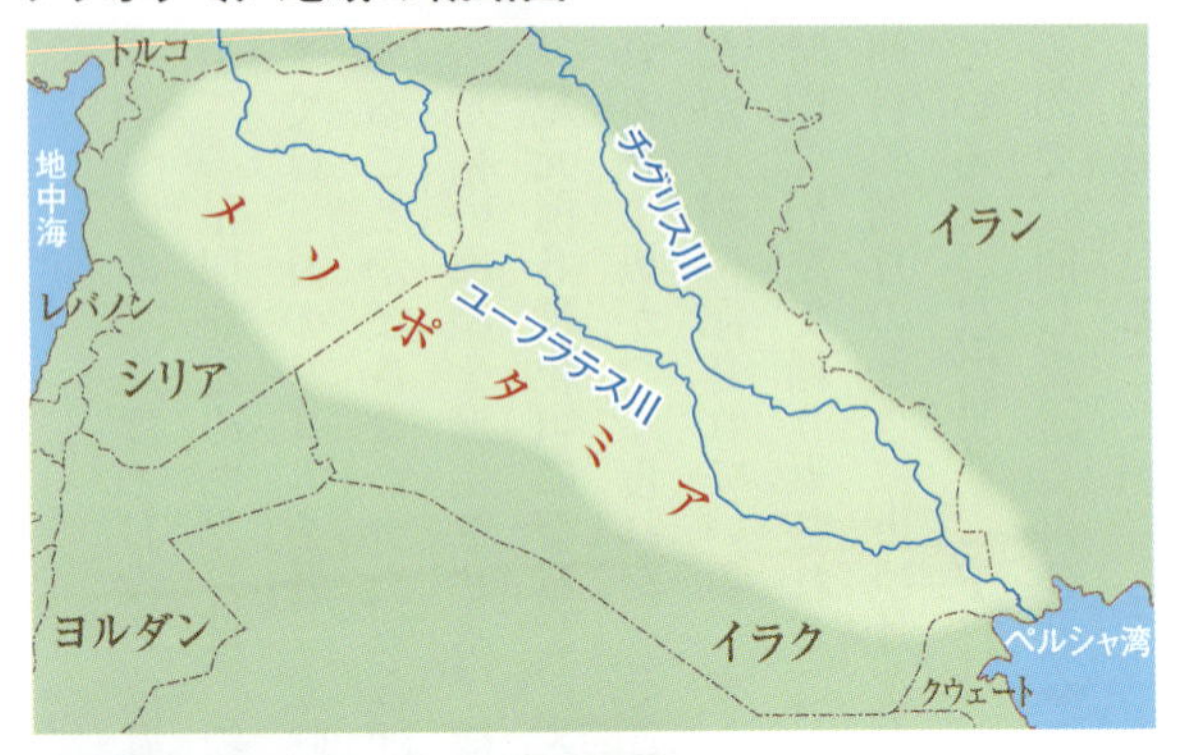

紀元前6世紀頃、メソポタミアの天文学概論『ムルアピン』の一部。粘土板には、太陽の運行周期やシリウスの動き、66の星座など、さまざまな天体の現象が記されている。
©TOPFOTO/アフロ

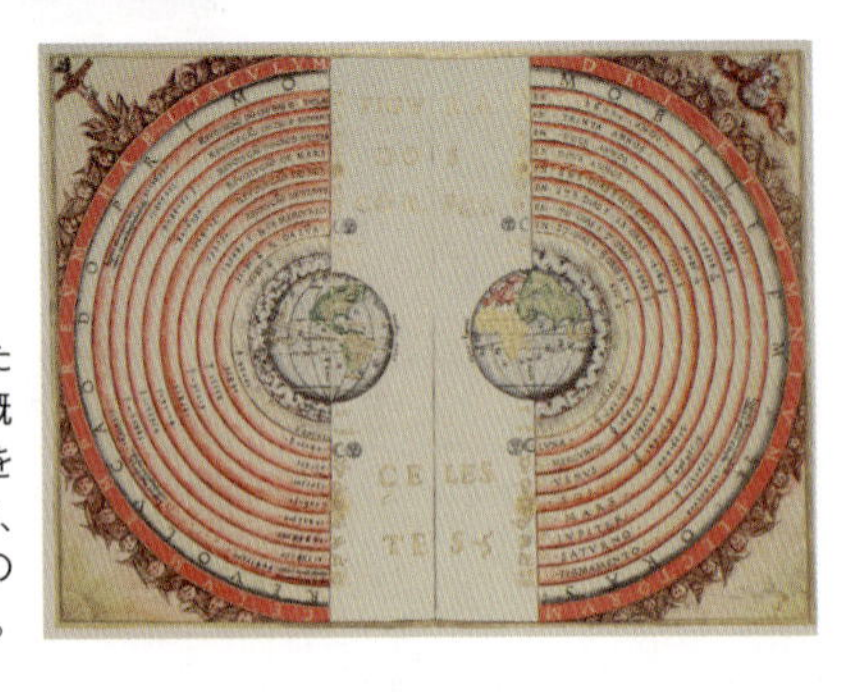

1568年に描かれた「天動説」を示す概念図。「天動説」を最初に唱えたのは、2世紀、天文学者のプトレマイオスである。

オーストラリアのエアーズロック（ウルル-カタ・ジュタ国立公園）付近で撮影した、南天の日周運動。
©Noritsugu Takahashi

ギリシア文明——幾何学で解き明かす宇宙観

メソポタミア地域から西に広がるエーゲ海、クレタ海、イオニア海に囲まれたギリシアとこれらの海に点在する島々がギリシア神話の舞台だ。ギリシア神話は紀元前15~12世紀頃から口承文学として人々に語り継がれ、紀元前8世紀頃、ホメロスが二大叙事詩『イリアス』『オデュッセイア』にまとめた。そこには天体や星座が登場する。ギリシア神話では、カオス（混沌）が万物を創成したとする。カオスはまず大地の女神ガイア、冥界の神タルタロス、愛の神エロスを生み、ガイア（地）はウラノス（天）と結ばれて地上に山や木、花、鳥や獣を、空に星を生み出したという。

いっぽう、ギリシアの中心地アテネでは、自由市民と呼ばれる人々が統治者の影響を受けずに哲学の大学に集まり、学問を純粋に楽しんでいた。そして『天が神を創った』という哲学的な宇宙観を構築する。神は、天の教えを人間に伝えるメッセンジャーで、その声を聞くことができる人間が住む地球は宇宙の中心にある。また、天は宇宙でもっとも完璧な存在なのだから、「もっとも厳密な法則に従って動いている」はずだと考えたのだ。

紀元前4世紀、アリストテレスは「宇宙の中心に地球があり、その外側にエーテルという元素からできた太陽や惑星が層をなして円運動している」という天動説を提唱した。

2世紀に活躍したプトレマイオスは、アリストテレスの天文学の概要やヒッパルコスなどギリシアの天文学や数学を、著作『アルマゲスト』（全13巻）に集大成した。そのなかで「宇宙の中心に地球があり、月、水星、金星、太陽、火星、木星、土星の7つの天体が地球を回っている」という天動説を唱えた。その後、惑星の逆行運動[※]を説明するため、天体は軌道上に小さな円を描き（周転円）、地球の周りを回っており、さらに、天体の周転円の中心は軌道から少しずれていて、地球も宇宙の中心からわずかにずれている（大心）とし、天動説を修正している。

自然哲学者にとって天体の運行はすべて神々の動きであり、物理的な原因の究明は必要としなかった。実験や観測よりも哲学や思想を中心として思弁的に理論を構築したのである。しかし、この過程で幾何学が進展した。そして「天動説」は、17世紀まで不動の宇宙観となったばかりでなく、現代のわたしたちの生活にも大きく影響を与えている。

※惑星の逆行運動…公転周期の違いから、惑星が逆向きに進むように見える現象。

「冬の大三角」をつくる星座（オリオン座、こいぬ座、おおいぬ座）とおうし座。ギリシア神話に登場する英雄や動物と全知全能の神ゼウス（木星）が冬の夜空に 輝いている。

コペルニクスによる発想の大転換

ポーランドの天文学者ニコラウス・コペルニクスは、イタリアに留学していたとき、古代ギリシアのピタゴラス学派が考えていた地道説、「地球はほかの天体とともに『中心火（宇宙の中心）』の周りを回る球体である」という仮説に出会った。これはプトレマイオスの天動説よりも無理なく天体の動きを説明できると確信し、太陽が宇宙の中心にあって地球がその周りを回っているという「太陽中心説」を唱えることになった。

コペルニクスの地動説では、太陽の周りを地球を含めた惑星が回り、地球の周りを月が回っているので、プトレマイオスの天動説のように「周転円」を導入しなくても、地球が外側の惑星を追い抜くときの見かけ上の動き（惑星の逆行現象）を説明することができる。また、水星と金星が太陽から一定の範囲だけを動いているように見えるのも、水星と金星が地球よりも内側で太陽を回っていると考えることで説明できる。

しかし、神学を学んだコペルニクスは、この考え方が当時のキリスト教会におよぼす影響が大きいと考え、公表を恐れていた。そんなとき、コペルニクスに地動説を学び賛同した数学者のレクチルは、コペルニクスの地動説の概要を１５４０年に発表し、地動説について公表するようにコペルニクスを説得した。70歳を目前にしたコペルニクスは、余命いくばくもないと考え、勧めに応じて『天球の回転について』を書き上げた。見本刷りがコペルニクスに届けられた１５４３年５月24日は、臨終のときであった。彼は、完成した著作を一度も手にすることなく世を去ったのである。刊行された本の扉には、社会的反響を考慮したかのような前書きが付加されていた。

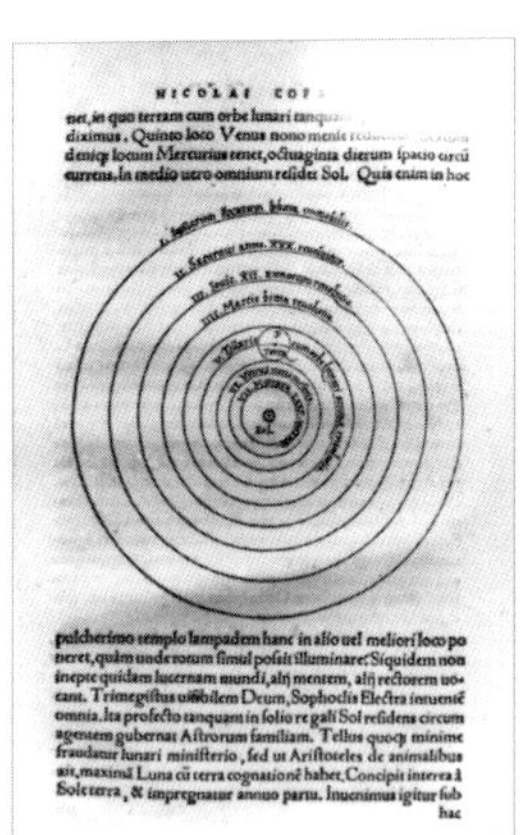
NICOLAI COP

net, in quo terram cum orbe lunari tanqua
diximus. Quinto loco Venus nono mense reducitur
denique locum Mercurius tenet, octuaginta dierum spacio circu
currens. In medio uero omnium residet Sol. Quis enim in hoc

pulcherrimo templo lampadem hanc in alio uel meliori loco po
neret, quàm unde totum simul possit illuminare? Siquidem non
inepte quidam lucernam mundi, alij mentem, alij rectorem uo
cant. Trimegistus uisibilem Deum, Sophoclis Electra intuenté
omnia. Ita profecto tanquam in solio re gali Sol residens circum
agentem gubernat Astrorum familiam. Tellus quoque minime
fraudatur lunari ministerio, sed ut Aristoteles de animalibus
ait, maximâ Luna cū terra cognationē habet. Concipit interea à
Sole terra, & impregnatur annuo partu. Inuenimus igitur sub
hac

コペルニクスが著した『天球の回転について』。太陽が宇宙の中心にあり、地球はその周りを回っているとする「地動説」を唱えている。

©Noritsugu.Takahashi/Mesei Univ.

コペルニクスの地動説は、のちの天文学者や科学者に大きな影響を与えたことはいうまでもない。この理論の欠点でもある「円軌道とした惑星の動き」は、のちにケプラー（32ページ）が楕円軌道と改めた。18世紀の哲学者カントは、宇宙観が天動説から地動説に変遷した劇的な変革を「コペルニクス的転回」と呼んだ。

偉大なる天文学者、ティコ・ブラーエにちなんで命名された、月面南部にあるティコという名のクレーター。直径は約85㎞、地上からは双眼鏡で観測可能だ。

©NASA

SN 1572
［カシオペヤ座／1万3000光年］

SN 1572は1572年11月11日、デンマークの天文学者、ティコ・ブラーエによって初めて観測された超新星爆発の残骸。2003年、NASAのチャンドラX線観測衛星がとらえた写真。
©NASA/CXC/Rutgers/J.Warren & J.Hughes et al.

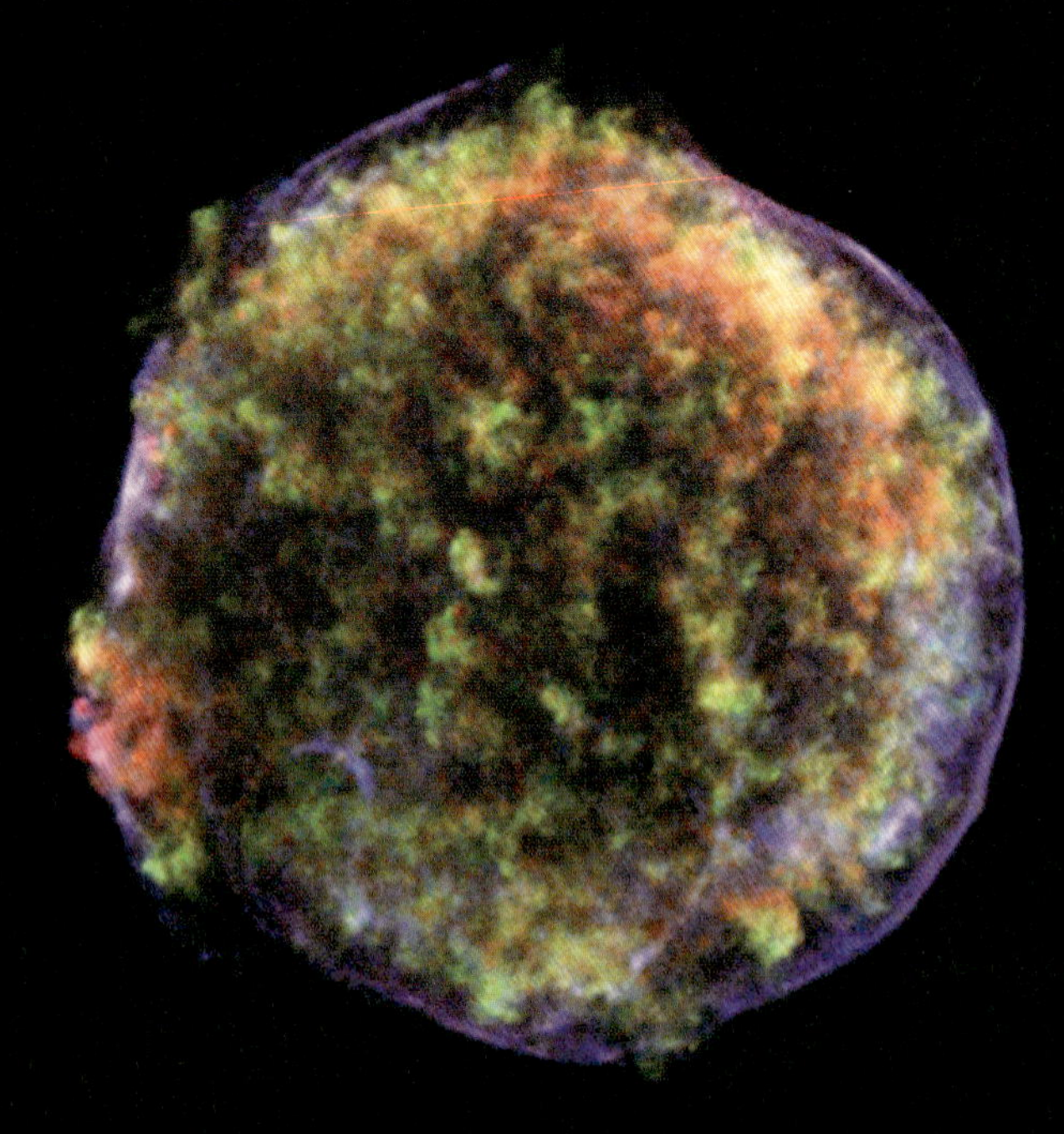

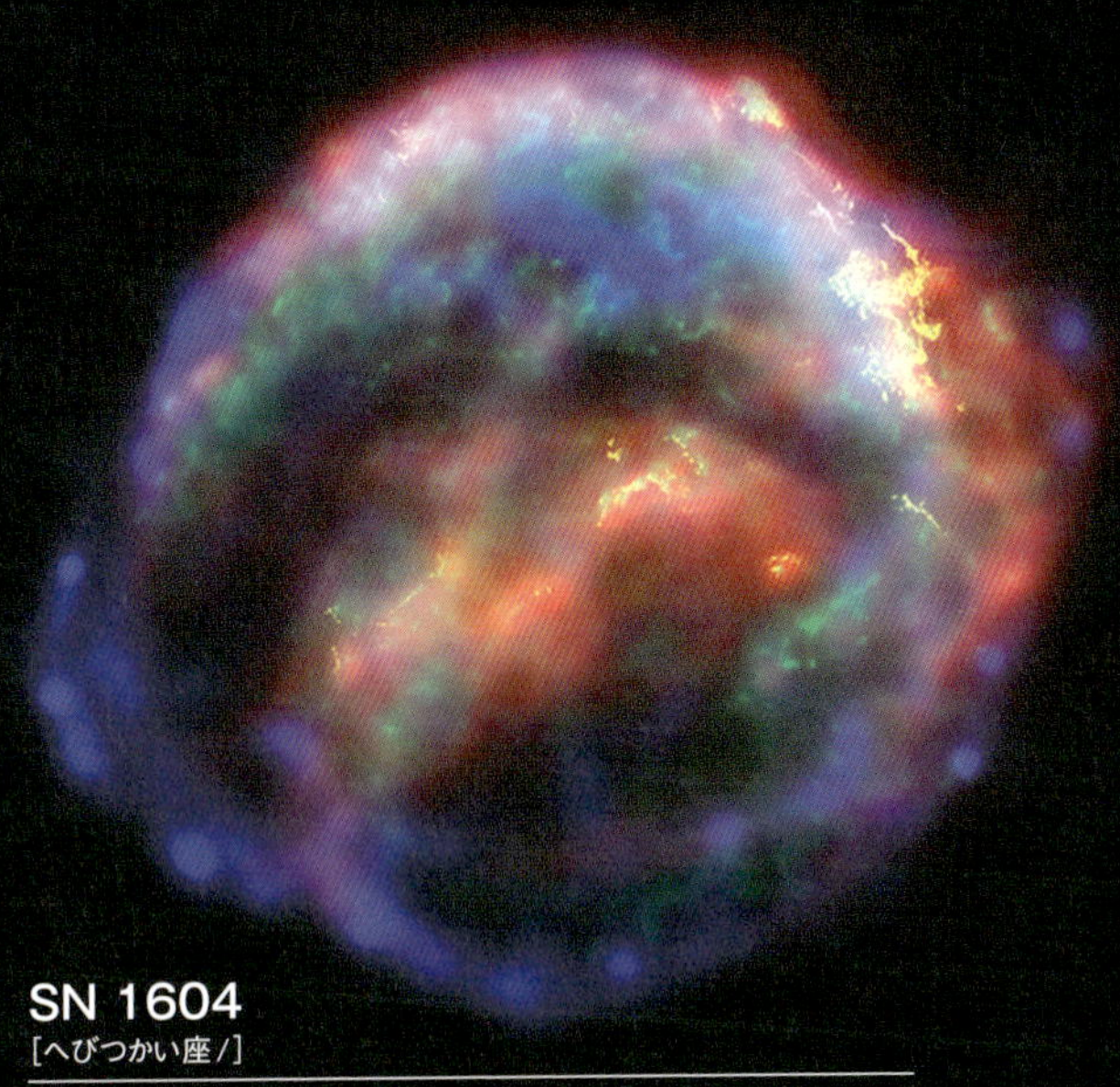

SN 1604

［へびつかい座／］

1604年10月9日に初観測され、同17日にドイツの天文学者ケプラーが発見、詳細に研究が進められた超新星爆発の残骸。彼の名前から、ケプラーの超新星ともいわれる。この超新星は、太陽よりも金属量が多い星であることがわかっている。

天文学者ヨハネス・ケプラーの名を冠したNASAのケプラー宇宙望遠鏡は、数々の系外惑星を発見している。画像は、生命維持が可能なハビタブルゾーンにあると見られるケプラー62f（左）と62e（右）のイメージ。

ティコとケプラー、偉大なる師弟の成果

コペルニクスが唱えた地動説が天文学の主流になるには、ケプラーやニュートンの天体力学が導出される17世紀まで待たねばならない。

16世紀に活躍したデンマークの天文学者ティコ・ブラーエは、太陽や月、惑星などの天体の運動を、観測儀（かんそくぎ）を駆使して肉眼で詳細に観測していた。ティコは「恒星に視差が観測されないので、地球は宇宙の中心にある」と、コペルニクスの地動説を否定。そして、太陽の周囲を水星と金星が回っており、太陽はほかの惑星といっしょに地球の周りを回っていると考えていた。このティコの説は「修正天動説」と呼ばれている。そのいっぽうで彼は、1577年、たまたま現れた非常に明るい大彗星を観測し、彗星は雲のようなものではなく、惑星のような天体ではないかと考えた。そこで、ヨーロッパを旅していた弟子たちと彗星までの距離を測定、彗星が月よりもずっと遠いところにあることを明らかにしている。

ティコに弟子入りしたドイツの天文学者ヨハネス・ケプラーは、1601年、ティコの

死の前日にルドルフ表（星や惑星の予測位置を記述）の完成を託された。遺言状には、膨大な天体の観測記録をケプラーに渡すように指示されていた。親族がすべてを相続するのが常識だった当時の貴族を考えたとき、ティコのケプラーへの期待の大きさがわかる。そしてケプラーは、1609年にふたつの「ケプラーの法則」を、1619年には3つめの法則を導き出した。

第1法則……惑星は太陽をひとつの焦点に楕円軌道上を運動している（楕円軌道の法則）。
第2法則……惑星と太陽を結ぶ線分（動径）が単位時間に描く面積は、常に一定である（面積速度一定の法則）。
第3法則……惑星の公転周期の2乗は、軌道の長半径の3乗に比例する（調和の法則）。

当時、天動説を支持する人も地動説を支持する人も、惑星の軌道は完全な円だと考えていたので、この法則の発見は画期的だった。このケプラーの法則は、のちにニュートンによる万有引力や運動の法則の発見へとつながっていく。中世ヨーロッパに生きた、ティコとケプラーというふたりの天文学者による惑星運動の解明は、地動説の考えの正しさを示したばかりでなく、近世天文学が動き出す出発点となった。

作者不詳《ガリレオの試み》1841 年、フィレンツェ大学自然史博物館
自分でつくった望遠鏡を示すガリレオ・ガリレイを描いた作品。

1613年にガリレオ・ガリレイが刊行した『太陽黒点論』。ガリレオは、天体望遠鏡で最初に太陽黒点を観測した。

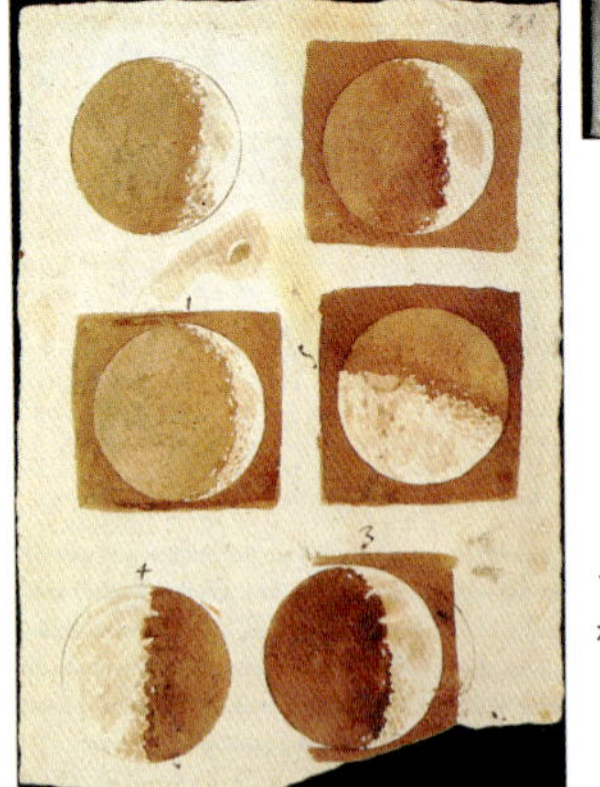

1616年、ガリレオは月の満ち欠けを観測し、それをスケッチに残している(『星界の報告』より)。

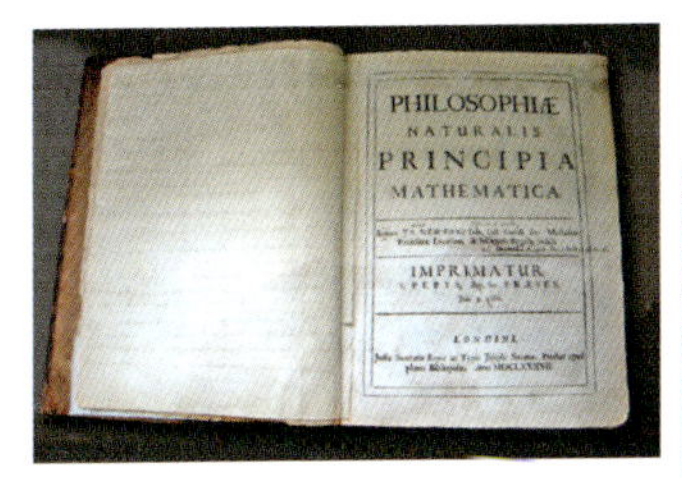
PHILOSOPHIÆ
NATURALIS
PRINCIPIA
MATHEMATICA
IMPRIMATUR
LONDINI

1687年7月5に刊行された、アイザック・ニュートン著『プリンキピア（自然哲学の数学的諸原理）』。写真はニュートン自身が所有していた初版本。第二版で修正、加筆する部分を指示する書き込みがある。

1672年に王立協会（現存する最古の科学学会）に提出したニュートンが製作した、6インチの反射望遠鏡のレプリカ。これにより、ニュートンは王立協会の会員となり、1703年、60歳にして会長に選出されている。

1789年、ウィリアム・ハーシェルがエリザベス女王の依頼で製作した40フィート反射望遠鏡。

1897年、鉄道王のヤーキス財団の寄付でつくられた、ヤーキス天文台（シカゴ大学）に設置されている、口径102cm（40インチ）の世界最大の屈折望遠鏡。

1948年、アメリカ・サンディエゴ郊外のパロマー天文台（カリフォルニア工科大学の所属）の口径200インチ（5.08m）という巨大望遠鏡、通称ヘール望遠鏡。鉄鋼王のカーネギー財団の寄付でつくられた。

©Caltech/Palomar Observatory

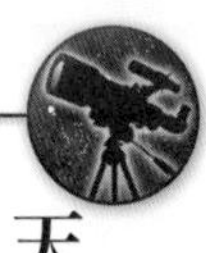

天体望遠鏡の開発と発達

ガリレオ・ガリレイは、凸レンズと凹レンズを組み合わせると遠くが拡大して見えることをメガネ屋の少年ハンス・リッペルスハイに教わった。1609年、彼はこの原理を使って望遠鏡を開発する。望遠鏡で天体を覗くと、それまでとは驚くほど違う宇宙が広がっていた。月にはクレーターがあり、木星には4つの月（衛星）が、太陽の回りを惑星が回っているように公転していた。さらに、土星には耳（環）があり、金星は満ち欠けがある。太陽にはシミ（黒点）があって、天の川は星の集まりとわかった。

こうした望遠鏡による観測がもたらした新世界を、ガリレオは『星界の報告』にまとめて1610年に出版。当時、ガリレオの最初の著作となったこの本と天体望遠鏡を買い求め、ガリレオが見た「新世界」の観測が流行した。これ以降、天文学では天体望遠鏡を使って観測する時代に変わった。また、望遠鏡の光学系の改良も行われた。

それからおよそ半世紀後、アイザック・ニュートンは「光学」の研究を進めていた。その際、凸レンズで光を集める方法では、光が分散してしまうため色収差を避けられない。いっぽう、凹面鏡を使い光の反射を利用して光を集める光学系であれば、この問題は解決すると考えた。こうして開発されたのが、ニュートン式反射望遠鏡だ。当時の反射望遠鏡の主鏡（凹面鏡）は金属鏡で、鏡材が高価なうえに、鏡の研磨には時間がかかった。

この反射望遠鏡の製作に精力的に取り組んだのは、音楽家のウィリアム・ハーシェルだった。音楽で稼いだ資金で精度の高い反射望遠鏡を製作して販売し、利益でまた望遠鏡を製作する。生涯に約400台もの反射望遠鏡をつくり、天体観測にも打ち込んだ。彼は、天の川に沿った方向には星が多いことに気づき、星の明るさと数を調べ、円盤状の構造をもつ天の川銀河を描いた宇宙図を作成した。また、二重星目録を製作したほか、1781年には天王星を発見。この惑星を、当時のイギリス王ジョージ3世を称えて「ジョージの星」と呼んだ。この功績でハーシェルは王室天文学者となり、1789年に40フィート（12m）、口径126㎝の当時世界最大の大型反射望遠鏡を製作した。最初の観測で、土星の衛星エンケラドス、その後に衛星ミマスを発見。1839年、この望遠鏡は解体され、鏡はロンドン郊外の旧グリニッジ天文台内に展示されている。

写真とプリズムによる分光で天体観測が進展

19世紀に発明された写真技術は、1840年頃から天文学に用いられるようになった。天体望遠鏡に写真乾板を取りつけて天体を撮影すると、長時間露出をかけることによって、それまで目では見えなかった暗い星が写し出された。スケッチに比べて、より客観的に星の位置を記録することができ、光度も正確に測定できた。

星の光をプリズムに通し、波長ごとに分けて「分光」すると、連続したスペクトルが見られる。このスペクトルのなかには、たくさんの吸収線（暗い線）が現れる。

吸収線とは、星の表面などにある低温のガスに含まれる原子が特定の波長を吸収して、暗くなっているものだ。そして、この吸収線や、反対に明るくなっている輝線（きせん）を調べることで、星の化学組成がわかる。また、スペクトルの観測から、星の表面温度や星の物理状態が手にとるように解明できてしまう。写真と分光技術を天文学に取り入れることで、天体物理学の分野が開かれたのだ。

太陽スペクトル

太陽光を分光器に通すと、赤、橙、黄，緑、青のように連続スペクトルが観測できる。無数の暗線は、太陽と地球大気の原子やイオンが吸収した特有な波長に対応している。スペクトル線の波長を調べると、太陽に存在する元素を知ることができる。

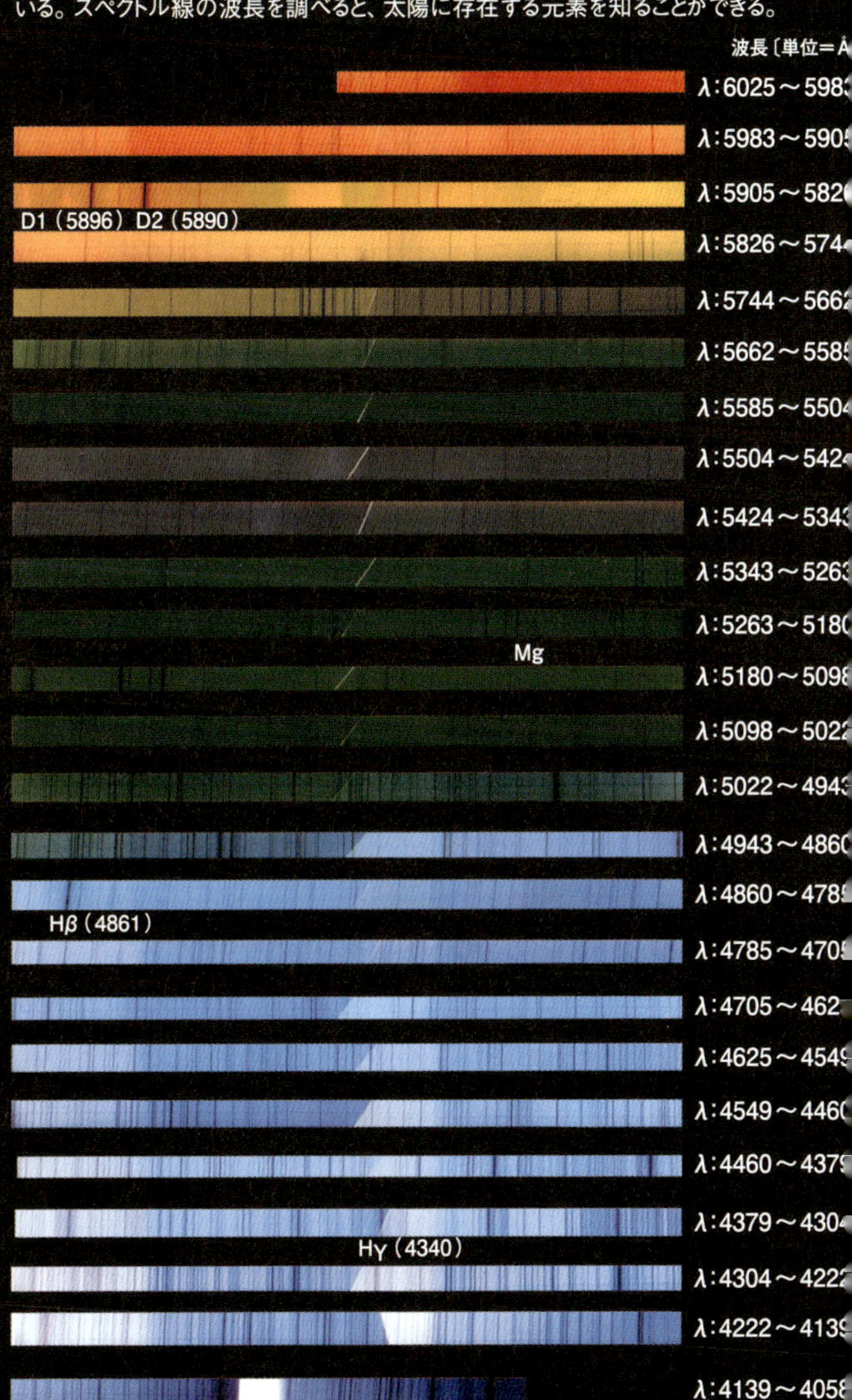

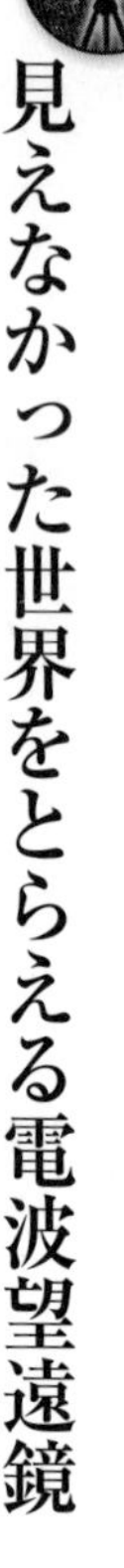

見えなかった世界をとらえる電波望遠鏡

20世紀初めまで、天文学の観測は可視光（目で見える光）だけで行われていた。しかし、1932年、アメリカのベル研究所の電波技師カール・ジャンスキーは、いつも空の決まった方向からやってくるノイズ（電波）の存在に気づいた。彼は、数本の電線を張ったアンテナで宇宙からの電波を受信した。これが電波天文学の始まりであり、ジャンスキーはその創始者となった。

ジャンスキーがとらえた電波は、天の川銀河の中心からきていた。光学望遠鏡でこの領域を観測しても、チリやガスにおおわれているため、銀河中心部の情報を取得することはできない。これは、電波望遠鏡だからこそ得られた情報だった。

1938年、ジャンスキーが発表した論文に興味をもった、アメリカの天文学者グロート・レーバーは、自宅の裏庭に口径9・5mのパラボラアンテナを設置した。これが世界初の電波望遠鏡である。レーバーはこの電波望遠鏡で全天の観測を行い、史上初めて電波強度地図を作成している。

さらに、レーバーの論文を受けて、オランダの天文学者ヘンドリク・ファン・デ・フルストが、1944年、大いなる予測を発表した。

星間空間で電離していない水素原子のガスは、中性水素原子ガス、あるいはHI（エイチワン）ガスと呼ばれる。そして、星間雲中にある中性水素は、基底状態のスピンが平行な場合と反平行な場合とでは、平行のほうがエネルギーがわずかに高い。フルストは、この「平行から反平行に遷移するときに21㎝の電波が出る」と予想したのである。

1951年、アメリカ、オランダ、オーストラリアの電波天文台が相次いで、周波数1420・4MHz、波長21㎝の電波が銀河から届いていることを発見。そして、21㎝の電波観測で天の川銀河の渦巻構造や回転速度が求められた。

2013年には、チリのアタカマ砂漠にアタカマ大型ミリ波サブミリ波干渉計、通称「アルマ電波望遠鏡」が完成している。この巨大電波望遠鏡の観測で、星の誕生、銀河形成や物質の進化などが解明されるのではないかと期待されている。

1938年、レーバーが自宅の裏庭につくった、口径9.5mの電波望遠鏡。

©NRAO,Grote Reber

チリのアタカマ砂漠に設置された、大型の電波望遠鏡群。アタカマ大型ミリ波サブミリ波干渉計、通称アルマ望遠鏡。日本や台湾などの東アジア、北米（アメリカ合衆国・カナダ）、ヨーロッパの国際共同プロジェクトとして建設された。高精度なパラボラアンテナ66台を設置し、全体でひとつの超大型電波望遠鏡として使用される。

©Clem & Adri Bacri-Normier(wingsforscience.com)/ESO

ロケット技術と全波長の電磁波での観測

今や、宇宙望遠鏡によって電磁波のあらゆる波長の観測が可能になり、地上と宇宙空間という双方からの観測で宇宙の謎を解き明かす時代へと突入している。

地上の望遠鏡では、可視光と電波の波長領域でしか宇宙を観測することができない。地球大気がX線や紫外線、赤外線を吸収してしまい、これらの波長は地上まで届かないためだ。そこでかつては、気球やロケットに観測装置を搭載して、高層大気中から短時間観測してデータを得ていた。それが現在では、宇宙空間に検出器や観測装置を搭載した科学衛星を飛ばして観測を行えるようになった。

1990年にスペースシャトル・ディスカバリー号によって打ち上げられたハッブル宇宙望遠鏡（HST）が活躍中だ。HSTは紫外線から可視光線（目に見える光）、近赤外線までをカバーし、打ち上げ以来、太陽系の天体、天の川銀河の天体、遠方の銀河、深宇宙にいたる、これまで人類が見たことがないような宇宙の絶景を撮り続けている。

ＮＡＳＡのスピッツァー宇宙望遠鏡や日本の「あかり」は、搭載された赤外線望遠鏡によって、可視光の光学望遠鏡では観測できない「チリにおおわれた領域」の観測が可能だ。実際には、星が誕生している領域や天の川銀河の中心、原始惑星系円盤、宇宙初期の原始銀河などの観測を行っている。

宇宙でのＸ線観測は、ＮＡＳＡのチャンドラＸ線観測衛星、ＥＳＡのＸＭＭニュートン、日本の「すざく」などが担っている。Ｘ線は宇宙の非常に高温・高エネルギーな天体や活動領域から放射されており、こうした望遠鏡は、太陽や中性子星、ブラックホールなどの観測には欠かせない存在となっている。

非常に激しい活動をしている天体から放射されるガンマ線も、Ｘ線同様、地球の大気に吸収されてしまう。宇宙空間でこのガンマ線をとらえているのがＮＡＳＡのフェルミで、超新星爆発の残骸、パルサー、活動銀河核、ガンマ線バーストなどの観測をしている。

また、衛星の惑星間航行技術の進展によって、探査機を惑星や小惑星、彗星に送り込んで、ターゲットに接近してそれを観測するほか、地表面などからサンプルをもって地球に帰還する、物質科学としての道も切り開かれた。

地球から約16万光年離れた大マゼラン銀河の星形成領域LHA 120-N 44。中心付近には、星団NGC 1929がある。この写真は、ESO（ヨーロッパ南天天文台）のラ・シヤ天文台にある口径2.2mの望遠鏡による画像とX線観測衛星チャンドラ、スピッツァー宇宙望遠鏡による撮像データを合成している。

1999年12月、スペースシャトル・ディスカバリー号（STS-103）による3度目のサービスミッション（修理作業）を受けているハッブル宇宙望遠鏡。

1990年4月24日、スペースシャトル・ディスカバリー号（STS-31）によって打ち上げられたハッブル宇宙望遠鏡が宇宙に展開されるようす。

巨大な光学望遠鏡が続々と登場

光学望遠鏡は、その口径（反射鏡）が大きければ大きいほどより多くの光を集められ、より遠くの天体を詳細に観測できるようになる。そのため19世紀末から20世紀初頭にかけて、アメリカでは次々と巨大な望遠鏡がつくられていった。

１８９７年、鉄道王のチャールズ・ヤーキスの援助で天文学者ジョージ・ヘールが、ミシガン湖の近くにヤーキス天文台を設立し、口径１０２㎝の巨大屈折望遠鏡を建造。これは今でも、屈折望遠鏡としては世界最大を誇っている。１９０８年、鉄鋼王アンドリュー・カーネギー（カーネギー財団）の資金援助を受けたウィルソン山天文台（カリフォルニア州、ヘールが初代台長）に、口径１・５ｍの反射望遠鏡ができた。続いてヘールは、１９１７年に、カーネギー協会だけでなく資産家のジョン・フッカーからも資金援助を受けて、ウィルソン山天文台に２・５ｍの望遠鏡、通称・フッカー望遠鏡を設置。この望遠鏡は、１９２２年から31年にかけた観測で、エドウィン・ハッブルが宇宙が膨張している証拠を見つけたことで有名である。

石油王のジョン・ロックフェラー（ロックフェラー財団）から資金援助を受けたカリフォルニア工科大学は、１９４８年、サンディエゴ近郊にパロマ天文台を建設、口径５・０８ｍという当時世界最大の反射望遠鏡を「ヘール望遠鏡」と命名した。巨大なヘール望遠鏡により、天の川銀河やアンドロメダ銀河といった銀河が集合して局部銀河群を構成することなど、深宇宙の姿が明らかにされた。また、１９７５年にはソ連（現ロシア）のＢＴＡ—６（口径６ｍ）が完成した。

その後も大型望遠鏡の建設計画が実現しており、現在運用中の代表格は次のとおりだ。アメリカ・アリゾナ州の大双眼望遠鏡（ＬＢＴ）は、口径８・４ｍの反射鏡が２枚並び、11・９ｍの単一鏡に匹敵する性能をもっている。スペイン領カナリア諸島にあるカナリア大望遠鏡（ＧＴＣ）は口径10・４ｍ、ハワイ・マウナケア山頂のケック望遠鏡は口径10ｍの望遠鏡を２台備え、至近にあるすばる望遠鏡の口径は８・２ｍを誇っている。

また、開発中の次世代超巨大望遠鏡としては、巨大マゼラン望遠鏡（ＧＭＴ）、ヨーロッパ超大型望遠鏡、30メートル望遠鏡（ＴＭＴ）の３つの計画が進行中である。

日本、アメリカ、カナダ、中国、インドの5カ国が共同で、ハワイ・マウナケア山頂に建造している30メートル望遠鏡（ＴＭＴ）のイメージ。これは、492枚もの六角形の鏡を組み合わせた複合鏡を備え、それらをコンピュータ制御して、口径30mという巨大な１枚の鏡と同じ性能を実現する。2021年の稼働を目指している。

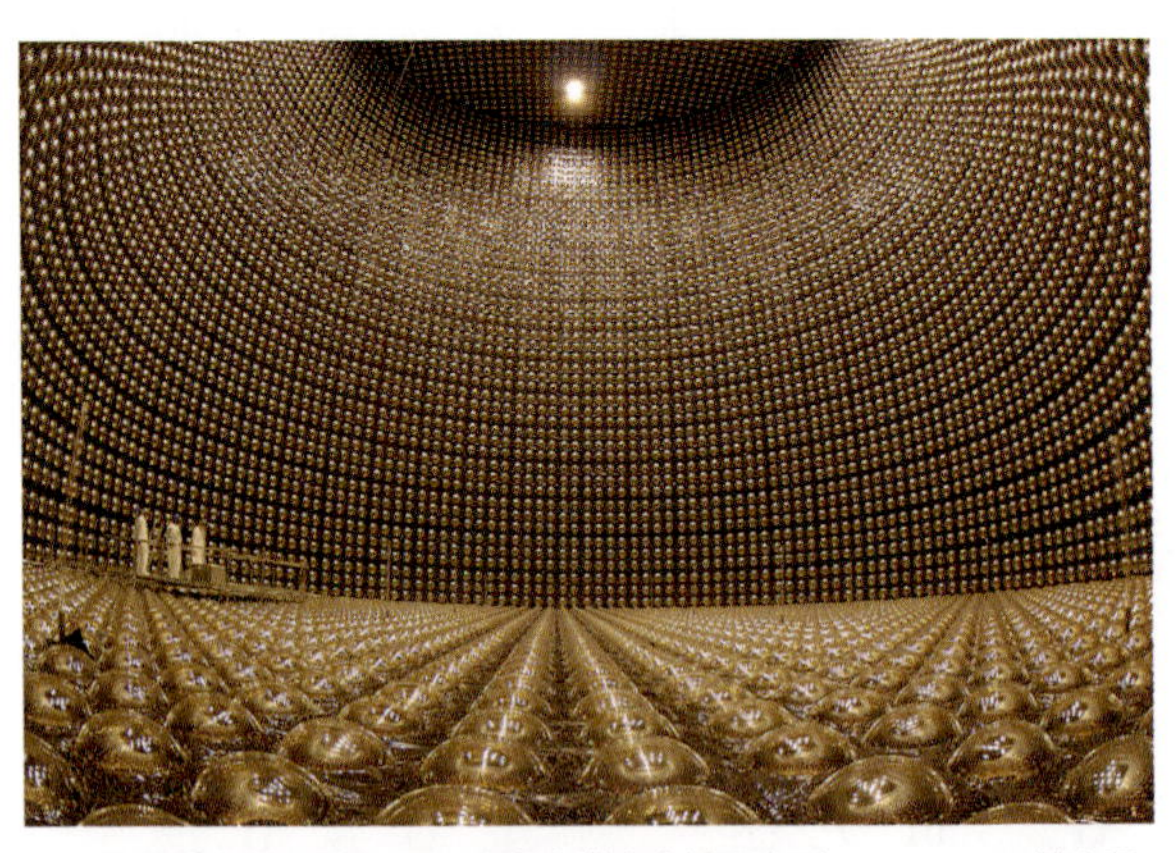

岐阜県飛騨市神岡町にある、東京大学宇宙線研究所のニュートリノ検出器、スーパーカミオカンデ。光電子増倍管の取り付けがほぼ完了した当時の写真で、このあと水が入れられ観測が開始された。

ニュートリノや重力波を観測する時代へ

宇宙の謎を解明するための天体観測手段には、光（電磁波）だけでなく、ニュートリノや重力波を使ったものも登場している。

ニュートリノは素粒子のひとつで、電荷をもたず、質量が非常に小さく、ほとんど相互作用せず（ほかの物質とぶつかることがなく）、物質を通り抜けてしまうという性質をもっている。

このニュートリノは、星の中心で起きている核融合や超新星爆発などによって大量に放出され地球にやってきている。ニュートリノを検出することで、ニュートリノが発生するときの過程を検証することができる。

１９８７年、天の川銀河の近くの大マゼラン銀河で超新星爆発が起こり、その際に放出されたニュートリノが、岐阜県神岡鉱山にあるカミオカンデという素粒子観測装置で検出された。太陽以外の天体からのニュートリノが検出されたのは世界で初めてのことで、ここから本格的なニュートリノ天文学がスタートすることになった。現在は、より高性能で大規模なスーパーカミオカンデ、カミオカンデ跡地に建設されたカムランドが観測を続けている。

アインシュタインの「一般相対性理論」によると、質量とは時空のゆがみであり、質量をもった物体が運動すると時空のゆがみが波となって光速で伝わっていくとされる。この波が重力波と呼ばれるものだ。

重力波はすべてを通り抜けて伝わってくるので、検出できれば天体がどんな動きをしているのかがわかる。しかし、これまで重力波は直接観測されたことがない。重力波源としては、ブラックホールや中性子星といった非常に強い重力をもつ天体が激しく運動するような連星系や超新星爆発、宇宙初期のインフレーションの痕跡などが考えられている。

現在、重力波検出はレーザー干渉計型検出器が主流となっており、アメリカではLIGO、ヨーロッパではGEO600、Virgo、日本ではTAMA300が稼働している。また、岐阜県飛騨市神岡町の地下では、東京大学が中心となり世界初の大型低温重力波望遠鏡（LCGT）、KAGRA（かぐら）の建設が進行中だ。ほかにも、NASAとESAが共同でLISAという宇宙重力波検出器プロジェクトを進めている。

第2章

太陽系の謎と不思議 ―40天文単位の世界

アポロ13号から撮影した地球。
©NASA

2009年7月26日、ISSにドッキングしていたスペースシャトル・エンデバー号から撮影された日本の実験棟「きぼう」。
©NASA

完成した国際宇宙ステーション(ISS)。2011年7月、スペースシャトル・アトランティス号から撮影。

©NASA

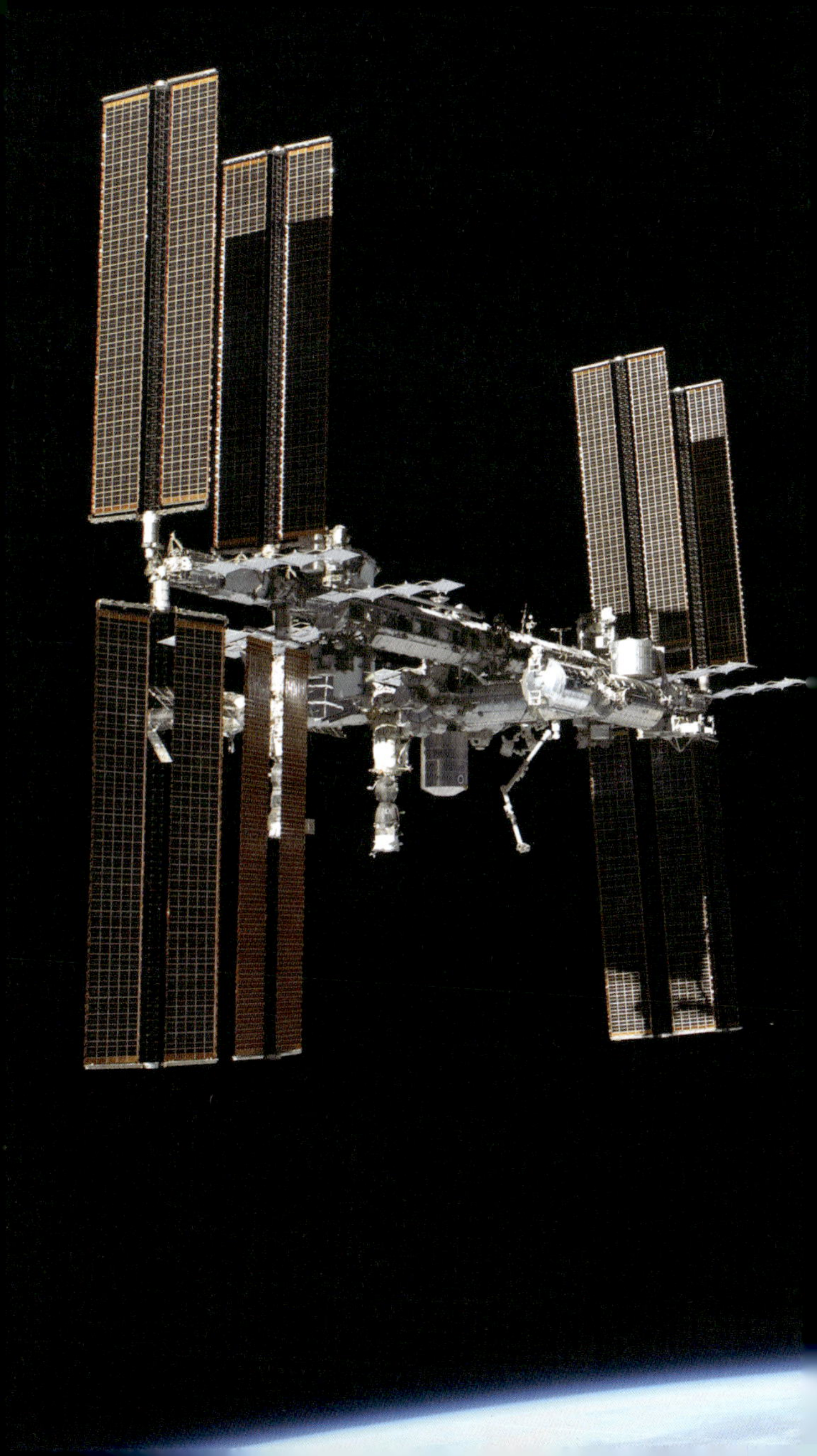

地球を回る国際宇宙ステーション

国際宇宙ステーション（ISS=International Space Station）は、アメリカやロシア、日本、カナダ、ESA（欧州宇宙機関）の加盟11カ国、計15カ国が共同運用している有人実験施設だ。このISSは、高度約400㎞にある地球の周回軌道を、約91分かけて1周している。

1980年代の東西冷戦時代、アメリカは西側諸国による「フリーダム計画」を進めていたが、財政難やスペースシャトル・チャレンジャー号の爆発事故（86年）などを理由に頓挫。いっぽうでソ連（現ロシア）も、ソ連崩壊（91年）の混乱などで宇宙ステーション「ミール」の存在が形骸化していった。こうした事情から、米露が手を組んで開発したのがISSである。1998年11月、アメリカが資金を提供して、ロシアで製造された「ザーリャ」というモジュール（ISSの部位）が、カザフスタンのバイコヌール宇宙基地から打ち上げられ、宇宙空間でのその組み立てが始まった。

2003年、ISSの建設物資を運ぶスペースシャトル（コロンビア号）の空中分解事

DATA
ISSの諸データ

全長：
約73m
全幅：
約108.5m
全高：
約20m
平均時速：
27743.8km
公転周期：
約91分
乗員数：
6名

故が発生。これによって建設は一時中断したが、2005年7月のシャトル打ち上げ再開以降、2011年7月まで計22回のシャトルミッションによってISSは完成した。

ISSは、参加各国が開発した実験や研究をする「実験モジュール」、宇宙飛行士が生活する「居住モジュール」、電力をつくる「太陽電池パドル」、船外作業に使う「ロボットアーム」等で構成される。クルーは現在、常時3人2組の6人体制で、3カ月ごとに半分の乗組員が交代する。若田光一宇宙飛行士が、2014年3月、日本人初のISSコマンダー（船長）に就任したのは記憶に新しい。また現在、ISSへの有人飛行はロシアの「ソユーズ」が、物資輸送はロシアのプログレス補給船、日本の「こうのとり」（HTV）、欧州補給機（ATV）や民間の宇宙船（ドラゴン・シグナス）が担っている。

ISSの長期滞在クルーは、ISSの保守や微小重力、超真空などの宇宙特殊環境を利用した科学実験等を行っている。日本は、有人実験棟「きぼう」でISSへ参加。「きぼう」は長さ11・2m、直径4・4mとISS最大の実験棟で、新素材、食品や新薬開発など、地球での生活に役立つさまざまな研究が行われている。なお、ISSの運用期間は当初2016年までとされていたが、2024年までの運用延長を検討している。

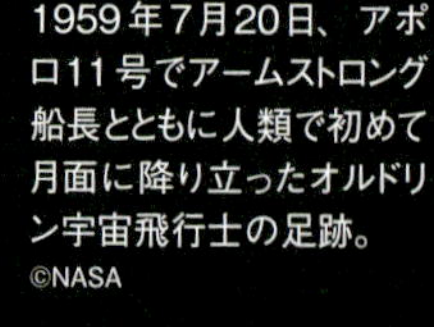

1959年7月20日、アポロ11号でアームストロング船長とともに人類で初めて月面に降り立ったオルドリン宇宙飛行士の足跡。
©NASA

1969年7月16日、サターンVロケットにより打ち上げられるアポロ11号（ケネディ宇宙センター）。
©NASA

1972年4月、アポロ16号で月面に降り立ち、ジャンプしながらカメラに向けて敬礼するジョン・ヤング船長。宇宙服やヘルメットに見える赤線が船長の証だ。彼はのちのスペースシャトルの初飛行でも船長を務めている。

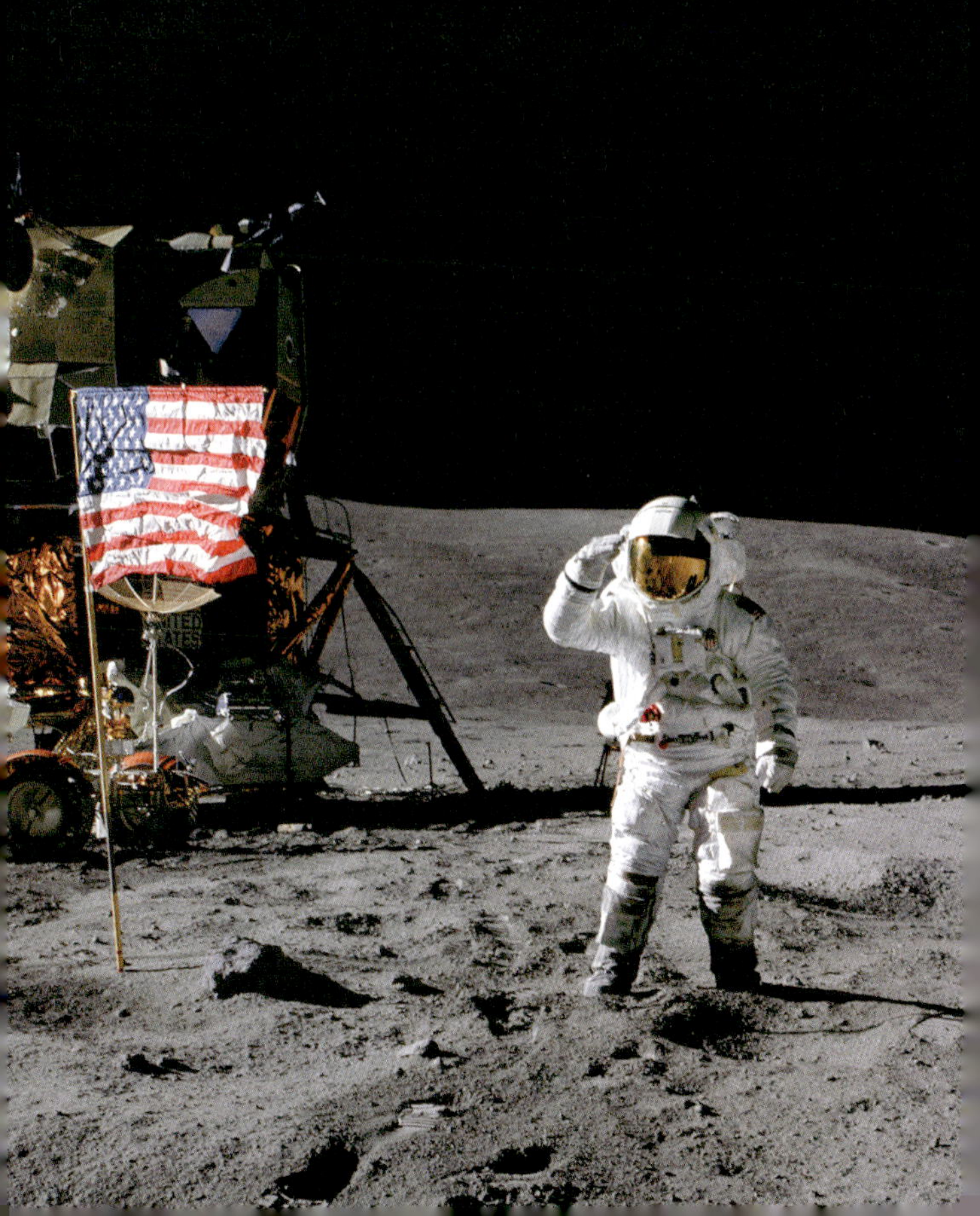

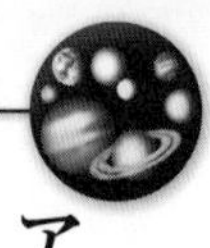

アメリカによるアポロ計画とは？

DATA
月の諸データ

地球からの距離：
38万4400㎞
質量：
0.012（地球=1）
赤道直径：
3475km
密度：3340kg/m³
表面平均温度：
約−23℃
公転周期：
27.32日
自転周期：
27.32日
大気の組成：
なし（ほぼ真空）

「10年以内に人間を月へ着陸させ、安全に地球へと帰還させる」

１９６１年５月、当時のアメリカ大統領、ジョン・Ｆ・ケネディは、アメリカ上下院合同議会でこう宣言。人類初となる月面着陸計画がここにスタートした。

時は東西冷戦時代。１９５７年、ソ連（現ロシア）はスプートニク１号で人工衛星の打ち上げに成功、さらに１９６１年には、ユーリ・ガガーリンが有人宇宙飛行に成功していた。いずれも人類初の偉業である。宇宙開発はまさに国威発揚の好舞台でありながら、アメリカは続けざまに後塵を拝していた。そうした折に立案されたのが、国家の威信をかけたミッション、世界で初めて人類を月へと送り込む「アポロ計画」だった。

準備は順調に進んだわけではなく、１９６７年、訓練中の火災で３名の宇宙飛行士が絶命するなど、計画は早々につまずいてしまう。それでも、３回の無人飛行を成功させたのちの１９６８年10月、３名の宇宙飛行士を乗せたアポロ７号が11日間の地球周回飛行に成功。その後、3度にわたる月と地球の周回飛行成功を受けて、1969年7月16日、月面着陸へ挑むアポロ11号が、サターンV型ロケットによりアメリカ・フロリダ州のケネディ宇宙センターから打ち上げられた。乗り込んだのは、船長のニール・アームストロング以下、バズ・オルドリン、マイケル・コリンズの3名だった。

7月20日、月着陸船「イーグル」に搭乗したアームストロングとオルドリンは、月面の「静かの海」と呼ばれる場所に着陸。この偉業は全世界にテレビ中継され、左足を月面に踏み降ろしながら船長は「これはひとりの人間にとっては小さな一歩だが、人類にとっては偉大な飛躍だ」と発信した。こうして、米ソの有人月面探査を争いはアメリカに軍配が上がったのである。なお、アポロ計画は、その後17号まで計7度の月面着陸を実施した。そのうち、事故で月を周回して引き返した13号を除く6回、12人の宇宙飛行士が月面に足跡を残した。この間、宇宙飛行士によってさまざまな探査活動が行われ、約400kgもの「月の石」が地球へと持ち帰られた。他方で、アポロ12号以後、アメリカ経済の悪化やベトナム戦争の激化などから、月面探査への人々の関心は薄れていく。こうした世情を受けて、アポロは予定の20号まで飛ぶことなく17号をもって終了した。

46億年前に誕生した、原始太陽を取り巻く回転円盤のイメージ。原始太陽の周囲にあるガスやチリは、原始太陽の周りを回転しながら中心に集まり、上下方向にジェットを噴き出している。

© NSSA/JPL-Caltech

太陽はどのようにして誕生した?

DATA
太陽の諸データ

地球からの距離:
1億5000万㎞

質量:
1.9891×10^{30}kg

直径:
約139万2000km

密度:
1.411g/cm^3

表面平均温度:
約6000℃

自転周期:
27日6時間36分(赤道)

光球の組成:
水素(約73.5%)、ヘリウム(約24.9%)

太陽は、太陽系の中心にある恒星で、太陽系の質量の99・9%を占めている。みずから光り輝くエネルギー源は、中心で起こる水素の核融合によってつくり出される。

太陽の半径は約70万㎞と地球の約109倍、体積は同130万倍にもおよぶ。中心部は高圧で、1500万℃の高温状態になっている。ここでできたエネルギーは、約200万年かけて太陽表面(光球面)に到達する。光球面での温度は、約6000℃まで下がっていて、ここから光速で太陽系惑星空間に放射される光子は、約8分で地球に到達する。

この太陽は、46億年前に誕生した。それよりも前、天の川銀河の一角で起きた超新星爆発(148ページ)によって大量の水素ガスやヘリウムのガス、炭素、酸素、マグネシウムやその他の元素が放出され、これを含んだ巨大な星間雲がつくられた。この領域の星間物質(ガスやチリ)は互いの重力によって集まり、周囲よりも密度が大きい分子雲を形成する。やがて分子雲のなかで密度に差ができ、分子雲コアと呼ばれる高密度領域が、周囲のガスを引き寄せて収縮していく。もともと分子雲コアは回転しているが、ガスの収縮によって、その速度を増す。その後、収縮の中心部に原始太陽が誕生する。

原始太陽はガスとチリでできた回転円盤をもっており、この円盤内の物質が中心部へ供給されることで原始太陽は成長する。供給された物質の一部は、上下方向にジェットというプラズマの流れとして吹き出す。また、収縮により原始太陽の中心部は、徐々に高温・高圧になっていく。中心温度が1000万℃以上になると、水素がヘリウムに変わる核融合反応という原子核反応が始まる。すると、ジェットの吹き出しがなくなり、回転円盤のガスが吹き飛ばされて消滅する。

核融合反応は、水素原子核4つからヘリウム原子核1個をつくると同時に、2個の陽電子、2個のニュートリノ、そして膨大なエネルギーを生む。このエネルギーをもとにして、原始太陽はみずからが輝く「太陽」へと変身した。

なお、原始太陽を取り巻いていた回転円盤のなかでは、徐々に冷えたチリが集まって衝突、合体を繰り返し、直径が数㎞～10㎞ほどの微惑星がたくさん生まれる。微惑星はさらに衝突、合体を繰り返して原始惑星に、やがては太陽系の惑星へと成長したのである。

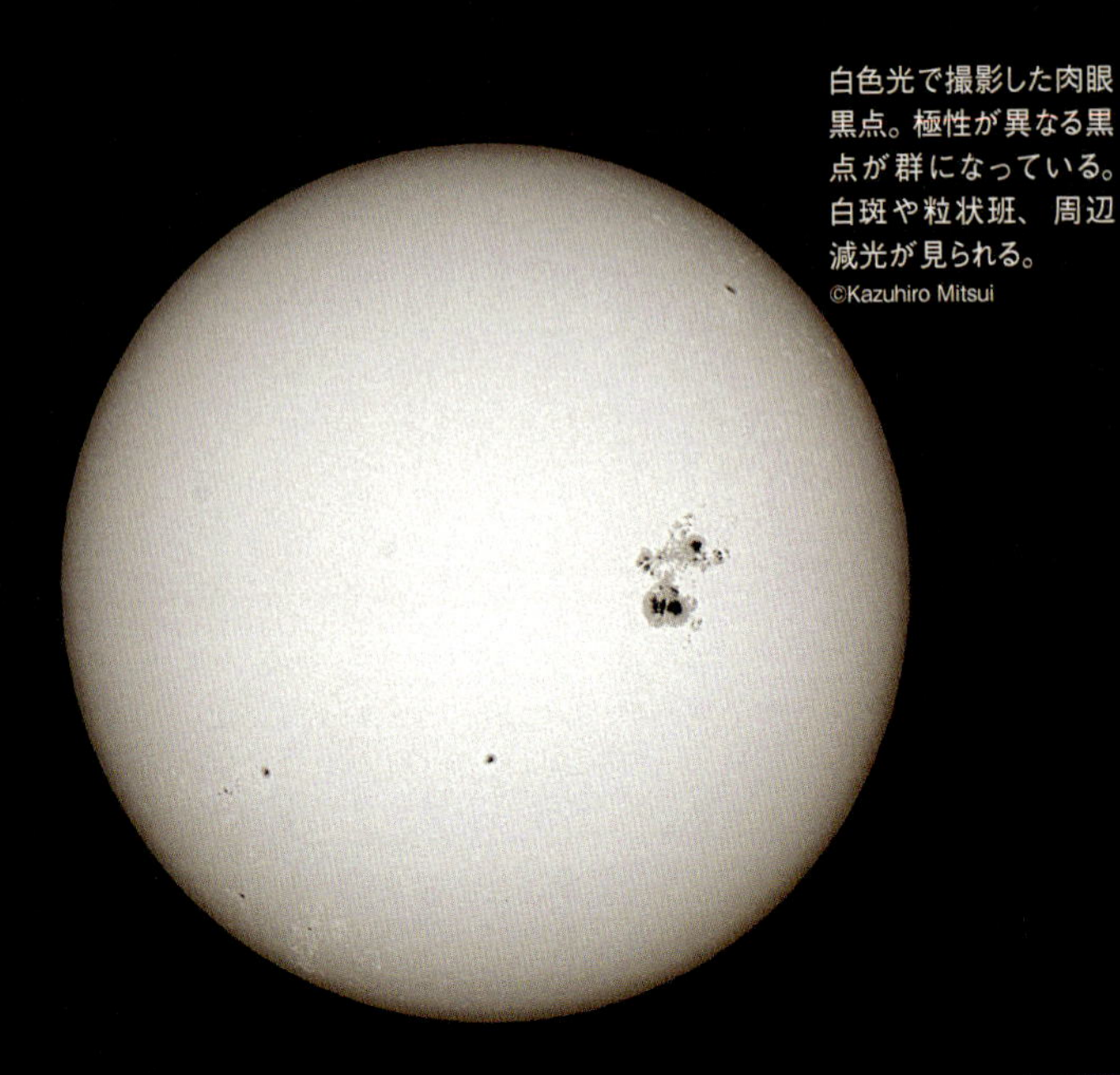

白色光で撮影した肉眼黒点。極性が異なる黒点が群になっている。白斑や粒状斑、周辺減光が見られる。
©Kazuhiro Mitsui

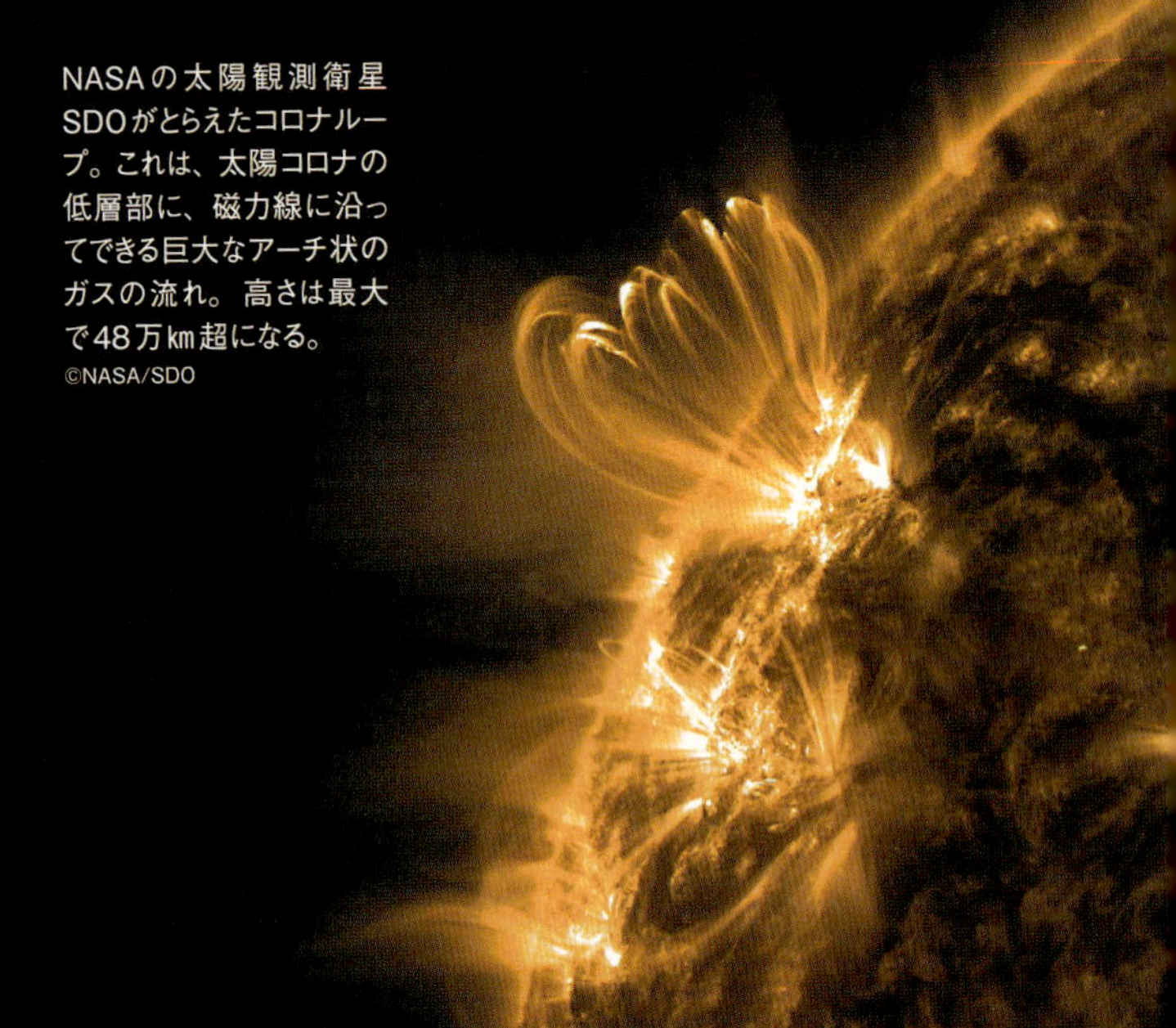

NASAの太陽観測衛星SDOがとらえたコロナループ。これは、太陽コロナの低層部に、磁力線に沿ってできる巨大なアーチ状のガスの流れ。高さは最大で48万㎞超になる。
©NASA/SDO

太陽の基本構造

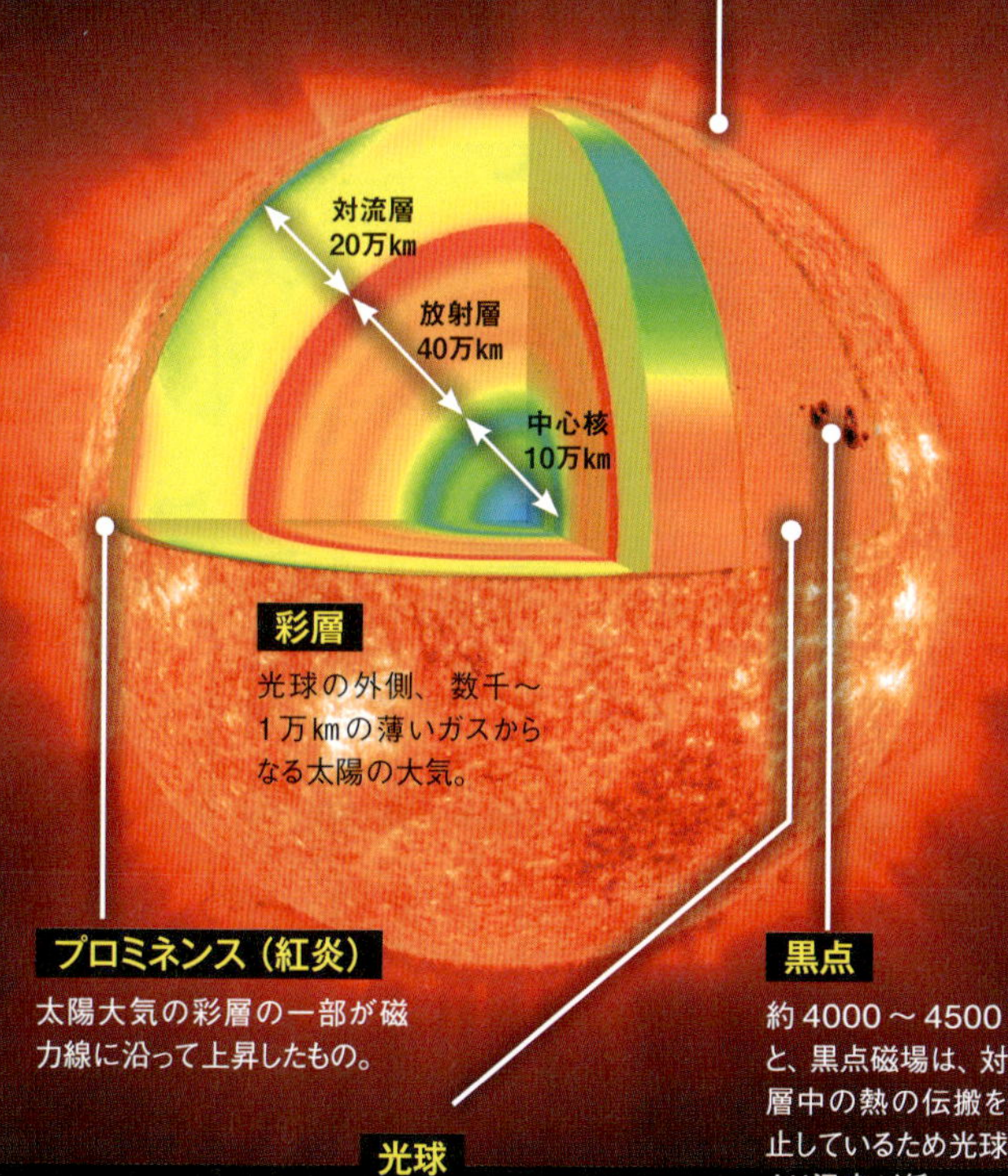

コロナ

彩層の外側に広がる外層大気。コロナは、発光メカニズムの違いから、鉄などの元素の電子がはぎとられて輝く輝線コロナ、太陽の光が自由電子に散乱して輝くKコロナ、太陽の光が塵に反射して輝くFコロナの3つがある。

対流層
20万km

放射層
40万km

中心核
10万km

彩層

光球の外側、数千～1万kmの薄いガスからなる太陽の大気。

プロミネンス（紅炎）

太陽大気の彩層の一部が磁力線に沿って上昇したもの。

黒点

約4000～4500℃と、黒点磁場は、対流層中の熱の伝搬を阻止しているため光球面より温度が低い。

光球

太陽の表層付近に、不透明なガスで形成される厚さ500kmの薄い層。平均温度は約6000℃。

太陽の中身とやがて訪れる最期

太陽の内部は、中心から順に中心核（約10万km）、放射層（約40万km）、対流層（約20万km）、光球（約500km）で構成されている。中心部は1500万℃、2300億気圧の高温高圧状態で、絶えず水素の核融合反応が起こりエネルギーがつくられている。

このとき生じた膨大なエネルギーは、放射によってゆっくりと外側へ伝わっていく。放射層は、内側が約800万℃、外側が300万℃で、外側ほど温度は低い。その外側を対流層といって、エネルギーは対流により太陽表面へと運ばれていく。こちらは内側が約300万℃、外側が70万℃ある。太陽の表層、いわば薄膜のような部分が光球だ。温度は約6000℃で、厚さ500kmの不透明な電離した水素でできている。太陽表面を白色光で観察すると、中心と周辺で見通せる深さの違いから周辺部が暗くなって見える（周辺減光）。また、光球面は、対流により表面に沸き上がってきた直径1000kmくらいのガスの塊、粒状斑（りゅうじょうはん）でおおわれ、黒点や白斑が現れる。黒点は、対流層中の磁気中部が光球面に浮上してできた切片だ。このため、極性が異なる黒点が対になって現れる。黒点の温度が光球面よりも低いのは、熱の運搬が黒点磁場で阻止されているため。阻止された分の熱は、黒点の周囲に浮上して高温領域の白斑として現れる。また、活動的な黒点群が現れると、太陽フレア（72ページ）などの突発的な爆発現象も起こる。光球の外側には、数千～1万km程度の薄い太陽大気である彩層が、その外側には、密度が小さくて２００万℃という高温のプラズマの外層大気、コロナが広がっている。

自身の重力で収縮する力と内部の圧力（外へ膨らむ力）が釣り合い、中心で核融合が安定した状態にあるのが主系列星だ。太陽は１００億年ほど主系列星としてすごすと見られ、約50億年後、中心部にヘリウムがたまり水素の核融合はヘリウム芯周囲の低温領域に移っていく。すると、膨張と収縮を繰り返して膨らみ、赤色巨星（せきしょくきょせい）となる。縮退（しゅくたい）したヘリウム芯の温度が上がると、ヘリウムの核反応が起こり酸素や炭素が合成され、ヘリウムフラッシュという核融合の暴走が起きて2度目の赤色巨星化が進む。縮退状態では温度は上がるが圧力は上がらず、炭素の核融合には至らない。結果、太陽外側の水素とヘリウムガスが宇宙空間に広がり惑星状星雲となる。中心に残された高温の芯は白色矮星（はくしょくわいせい）になる。

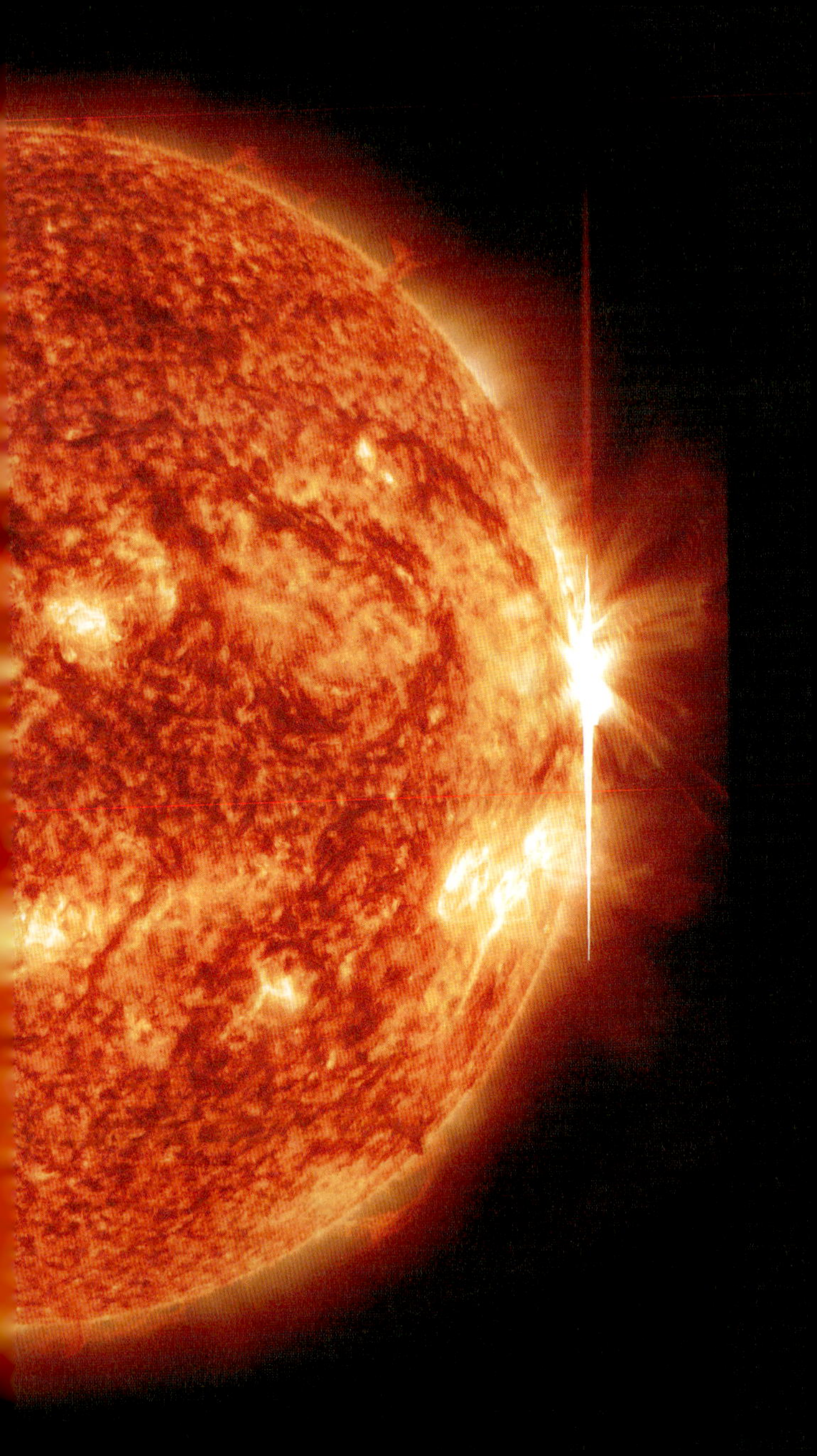

NASAのSDOが撮影した、2013年9月28日に発生したX2.3クラスの太陽フレア（写真、右端）。太陽フレアは強度によってA、B、C、M、Xの5クラスに分かれており、Xは最大。数字が加わって細分化され、X2はX1の2倍の強度を示す。

©NASA/SDO

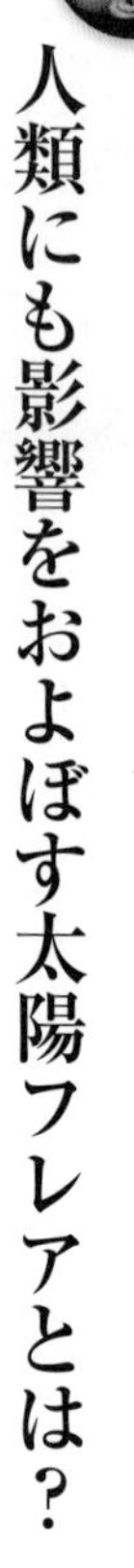

人類にも影響をおよぼす太陽フレアとは?

太陽フレア爆発は、隣接する極性の異なるふたつの黒点に結ばれていた磁力線が、それぞれほかの黒点の磁場とつなぎ変わるとき(磁場の再結合)に、磁場のエネルギーが熱や運動エネルギーになって荷電粒子(陽子、α粒子、電子)が短時間に放出される現象だ。

爆発にともない、電波からX線やガンマ線の電磁波の強度も増す。放出されたX線の強度によって、フレアは弱いほうから順にA、B、C、M、Xクラスに分けられている。ひとつクラスが上がるごとに、強度は10乗も大きくなる。

太陽フレアは、太陽活動がもっとも活発な「黒点極大期」にしばしば発生し、大きなフレア爆発は、白色光でも観測される。また、CME(コロナ大質量放出)というプラズマの塊が、太陽系惑星空間に秒速1000㎞もの高速で流れ出ることもある。

Xクラスのフレア爆発で放出された荷電粒子は、約2日で地球に到達する。これが地球の磁場圏にぶつかり、磁力線に沿って両極の高緯度地域から入り込み、200㎞上空から

太陽系惑星空間に広がるコロナ。内側は、太陽活動極大期の皆既日食中のコロナ。これに太陽観測衛星SOHOのコロナグラフの写真を合成して作成。太陽コロナ流線は太陽系惑星空間に伸びている。
©Noritsugu Takahashi

高層大気中の酸素分子、窒素分子に衝突、原子の電子がはぎ取られたときに出る赤、緑、青の輝線がオーロラだ。

観測史上最大のフレアは、1859年のキャリントンフレアとされ、今、同様のフレアが起こると、猛烈な太陽嵐が発生して人工衛星は故障、通信や交通に大きな支障をきたす。さらに、発電所の送電システムがダウンし壊滅的な被害を受けることになる。

太陽からはふだんも、彩層の上部にある遷移層を越えて、重力を振り切り加速された荷電粒子の太陽風が、コロナ領域を経て太陽系惑星空間へ流れ出ている。そして太陽風は、約100天文単位（約150億㎞）まで広がる太陽圏をつくり、銀河風に対してバリアをつくっている。

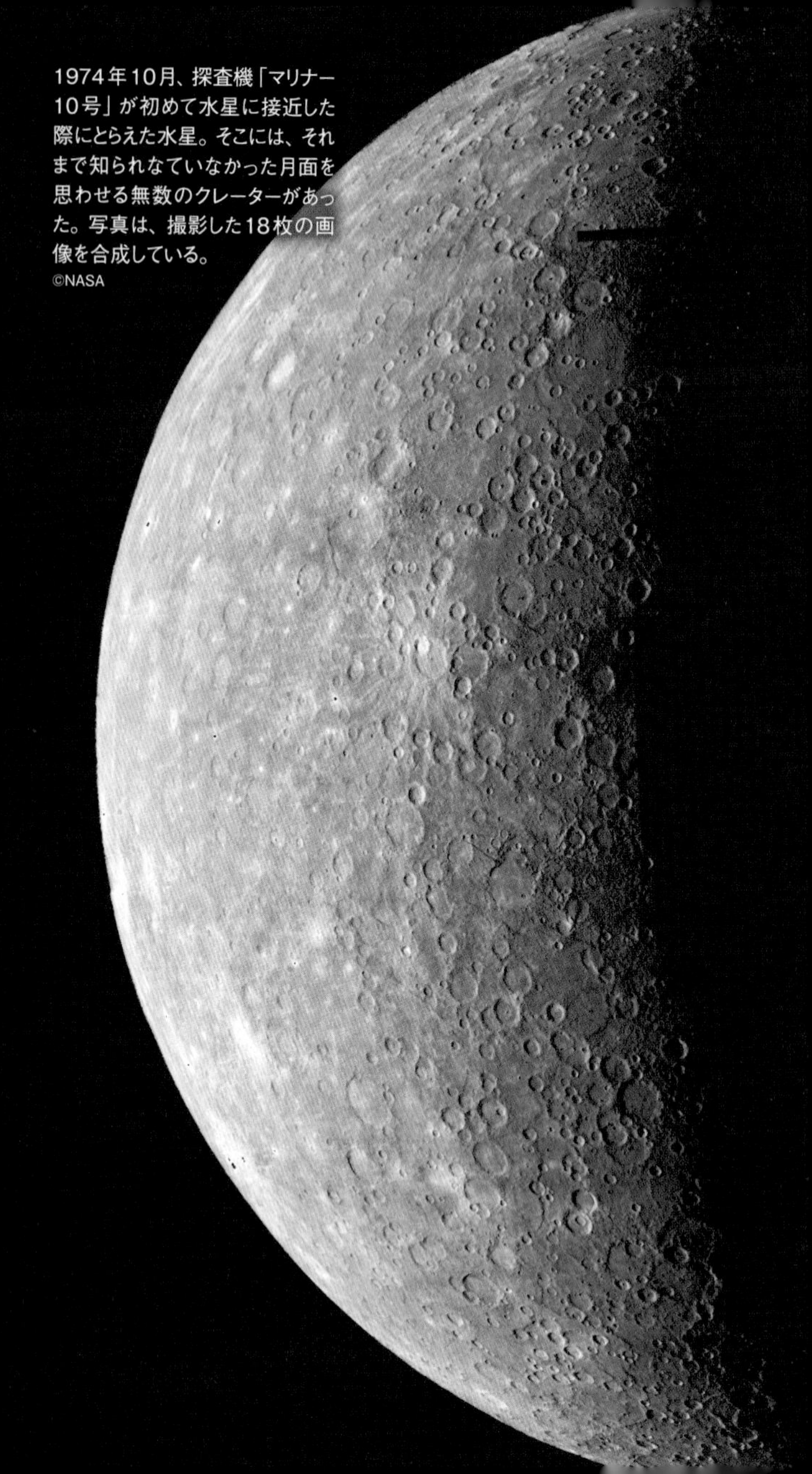

1974年10月、探査機「マリナー10号」が初めて水星に接近した際にとらえた水星。そこには、それまで知られなていなかった月面を思わせる無数のクレーターがあった。写真は、撮影した18枚の画像を合成している。

NASAの探査機「メッセンジャー」による水星の北極地方の画像に、アレシボ天文台（プエルトリコ）のレーダー観測の結果を反映したもの。黄色い部分は、高いレーダー反射率を示す地点で、そこには水の氷があると見られている。メッセンジャーによる水素の測定から、熱を通さない厚さ10～20cmの表層の下に氷が埋まっていると考えられている。

NASAの探査機「メッセンジャー」がとらえた、水星最大のクレーター「カロリス盆地」とその周辺。オレンジ色の明るい部分は、直径100kmほどの小惑星衝突により形成された、直径1500kmの巨大クレーターだ。

太陽に近い水星にも水がある？

水星は、太陽系でもっとも内側を公転している惑星だ。地球と同様に岩石でできているが、半径は地球の約3分の1と月より少し大きい程度、質量は地球の18分の1ほどしかない太陽系の最小惑星でもある。そのいっぽうで、太陽系の惑星としては地球に次いで密度が大きい。これは、直径の4分の3（質量の70％）が鉄とニッケルの核になっているためと考えられている。また、地球の1％ほどの強度ではあるが、水星にも磁場が存在する。このことから、中心に金属の核と液体の外核が存在することが示唆される。

1974年、アメリカの探査機「マリナー10号」が水星の正体をあらわにした。マリナー10号の観測で、水星表面には無数のクレーターや「リンクル・リッジ」と呼ばれる「しわ」のような地形が見つかった。リンクル・リッジは、高さ2㎞超の断崖で、誕生当時は熱かった水星が、冷えて縮んでいく過程でできたと考えられている。

なお、水星最大のクレーターは「カロリス盆地」といい、その直径たるや約1300㎞。

DATA
水星の諸データ

太陽からの平均距離：
0.3871AU

質量：
0.0553（地球＝1）

赤道半径：
2439.7km

密度：
5430kg/m^3

表面平均温度：
昼は約350℃、夜は約−170℃

公転周期：
87.97日

自転周期：
58.65日

おもな大気：
希薄（ヘリウムとナトリウムが主体）

水星の直径の4分の1以上という巨大サイズだ。

また、太陽に近い水星は、地球に比べて7倍もの太陽の熱や光を浴びている。そのため、日中は400℃の灼熱地獄になる半面、大気が希薄で自転周期が遅いために、太陽とは逆向きの面（夜）では、熱は確実に奪われマイナス170℃まで下がってしまう。

2012年、こうした過酷な環境にある水星に、大量の氷が存在するとNASAが発表した。NASAの探査機「メッセンジャー」が、水星の北極地域を調べたところ、永久影となる太陽光が届かないクレーターの地下などに、氷とほぼ同じ濃度の水素を大量に発見したのだ。水星に凍った水が存在する可能性は、かねてより、電波観測の結果から指摘されていたが、その存在が確認されたことになる。

NASAは、この氷は、かつて水星に衝突した隕石や彗星によって運ばれてきたもので、水星全体では1000億トン以上になるとしている。さらなる事実の解明には、メッセンジャーの継続的な観測はもとより、2016年以降に打ち上げが予定される、JAXAとESAによる水星探査計画「ベピ・コロンボ」が期待されている。

金星の火山が噴火するイメージ。大噴火は約250万年前までは確認されているが、はたして今後、こうした大噴火が起こるのだろうか。

NASAの金星探査機「マゼラン」による、金星のサパス山と呼ばれる火山の３次元合成画像。標高はおよそ1500m。

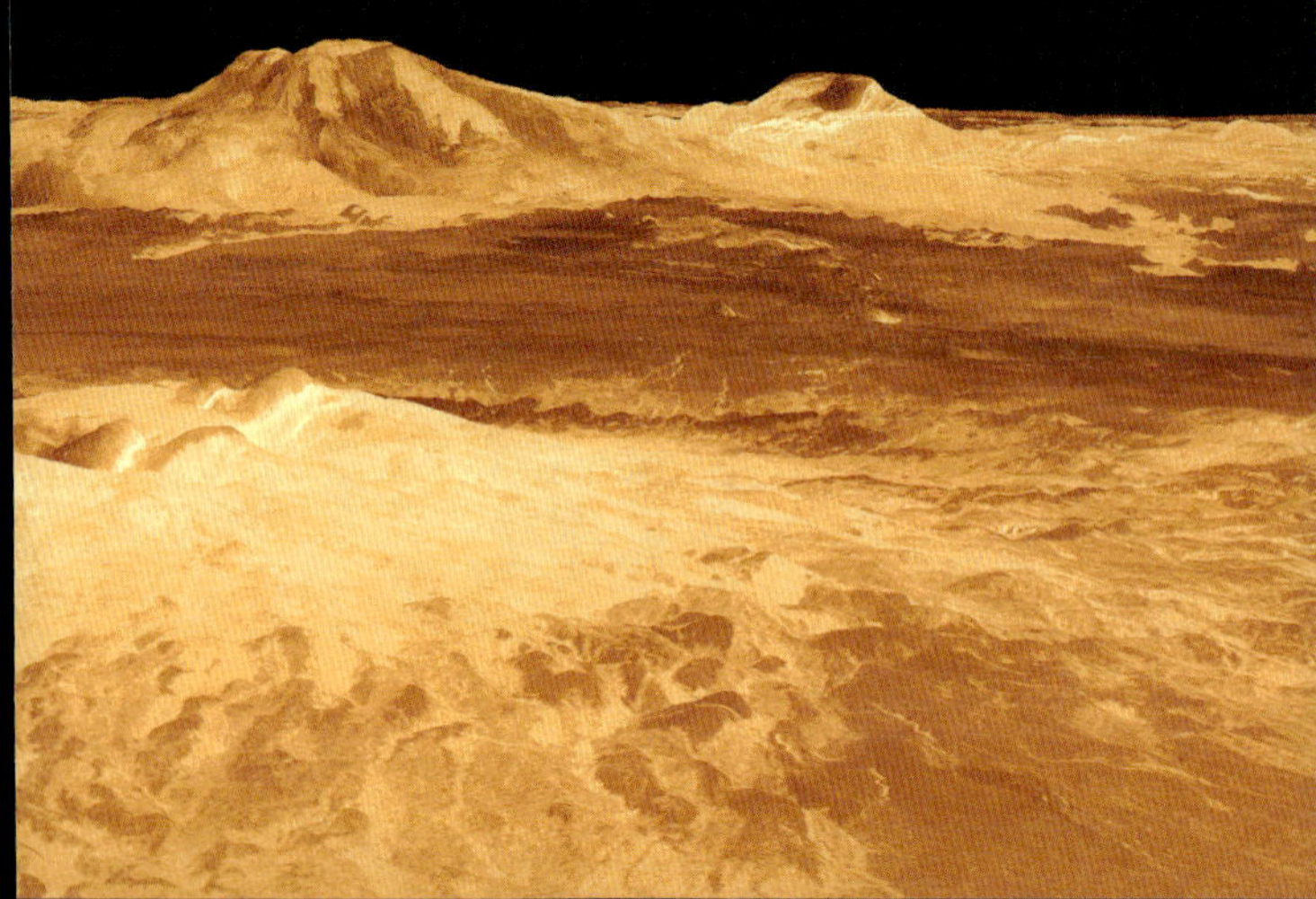

NASAの金星探査機「マゼラン」の観測データをもとに作成した、金星の半球のイメージ画像。青は低地、茶色は高地を示す。金星は、厚い雲に覆われているため、探査機が可視光で地表を観測することができない。そこでNASAは、1989年、スペースシャトル・アトランティス号によってマゼランを打ち上げ、1990年から1994年にかけてレーダーによる探査を行い、金星の98%以上の地表面を撮影した。

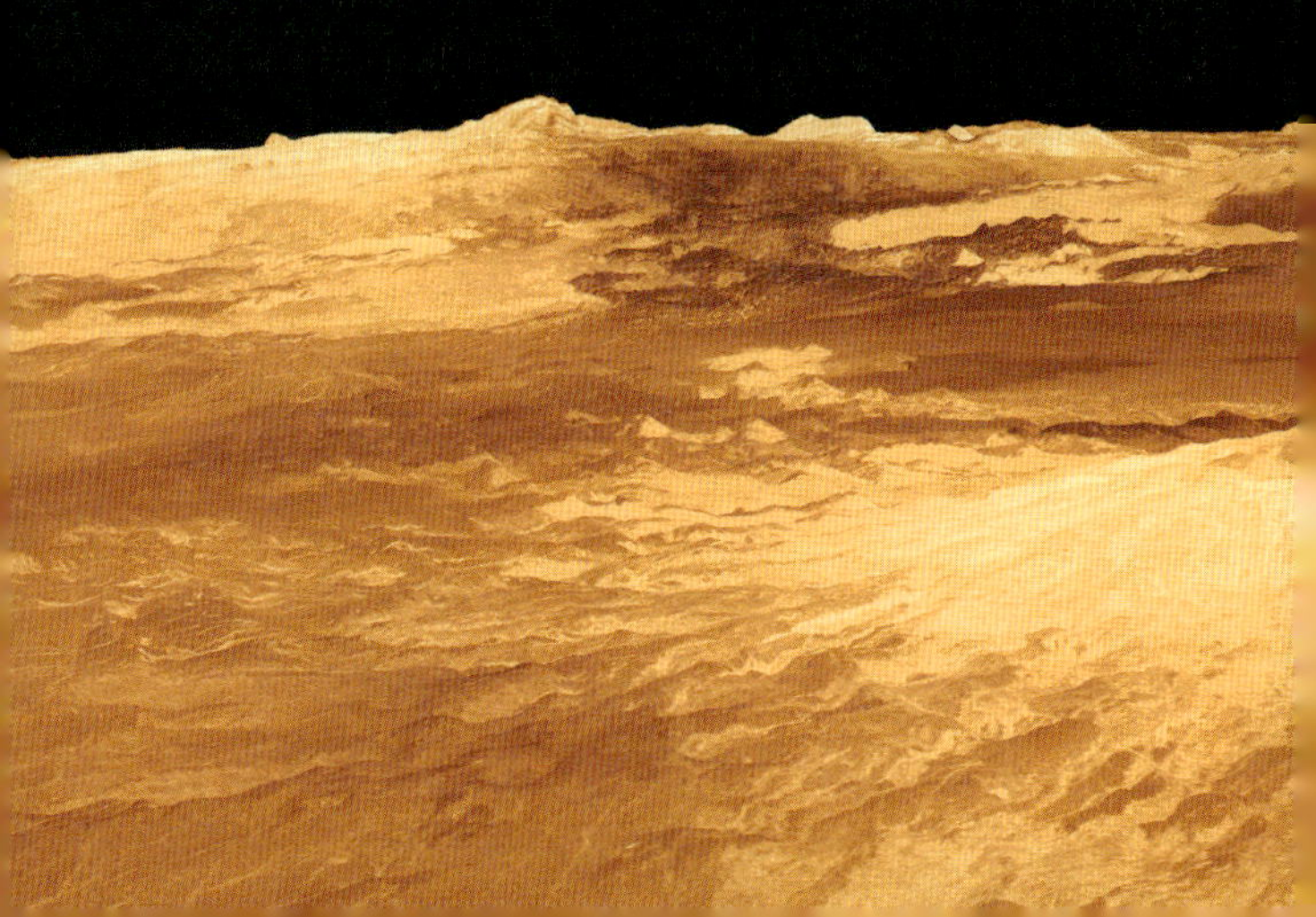

金星の火山は今にも爆発する⁉

DATA 金星の諸データ

太陽からの平均距離：
0.723AU
質量：
0.815（地球＝1）
赤道半径：
6951.8km
密度：
5240kg/m³
表面平均温度：
約460℃
公転周期：
224.701日
自転周期：
243.02日
おもな大気：
二酸化炭素（約96.5％）、窒素（約3.5％）

太陽系の第2惑星・金星は、地球にもっとも近づき、もっとも明るく輝いて見える惑星で、古来より、明けの明星、宵の明星などと呼ばれてきた。明るさの原因は、太陽光の約7割を反射するという高い反射率にある。

また金星は、大きさや密度が地球と同等で、地球と同じ岩石でできている（岩石惑星）ために「地球の双子星」ともいわれるが、環境は地球と大きく異なっている。

まず、大気圧が地球の100倍近くあり、大気の96％超が二酸化炭素、残りのほとんどが窒素という組成（地球は酸素が約20％）。これだけでも生命維持は困難だが、何と地表の温度は約400〜500℃と高く、灼熱の世界が広がっているのだ。こうした諸情報は、1960〜70年代にかけて精力的に行われたソ連（現ロシア）の探査で得られた。

金星の観測は、2011年、ESA（欧州宇宙機関）が金星探査機VEX（ビーナス・エクスプレス）の打ち上げに成功したことで飛躍的に進展した。それまで金星の岩石は、

3億～5億年前の火山活動によってできたもので、それ以降、火山は活動を休止したとされてきた。ところがVEXは、250万～数百万年前という、比較的最近に起こった火山活動の痕跡を発見。加えて、予測された温度よりも2～3℃温度が高い場所をいくつか見つけた。そして、このVEXによるデータと1990～1994年にかけたNASAの探査機「マゼラン」による観測データを合わせて分析したところ、金星の地下には現在もマグマ溜まりがあって、火山が噴火活動を再開する可能性があるという結論に至ったのだ。

VEXはまた、2006年から6年間、金星の大気組成の分析も続けていたが、2012年、二酸化硫黄の濃度の急激な変化を観測した。二酸化硫黄は、地球上では活火山で発生する有毒ガスとして知られている。つまり、金星でこの濃度が突如上昇したあと、急激に低下した原因は、火山の噴火によるものではないか、と考えられた。他方で、金星にはスーパーローテーションと呼ばれる暴風が吹き荒れているが、その暴風の大気循環によって二酸化硫黄濃度の変化が起こったのではないか、とも考えられる。日本の探査機「あかつき」は、2015年に金星周回軌道に再投入される予定だ。成功すれば、スパーローテーションなどの金星大気のメカニズムが解明されることになる。

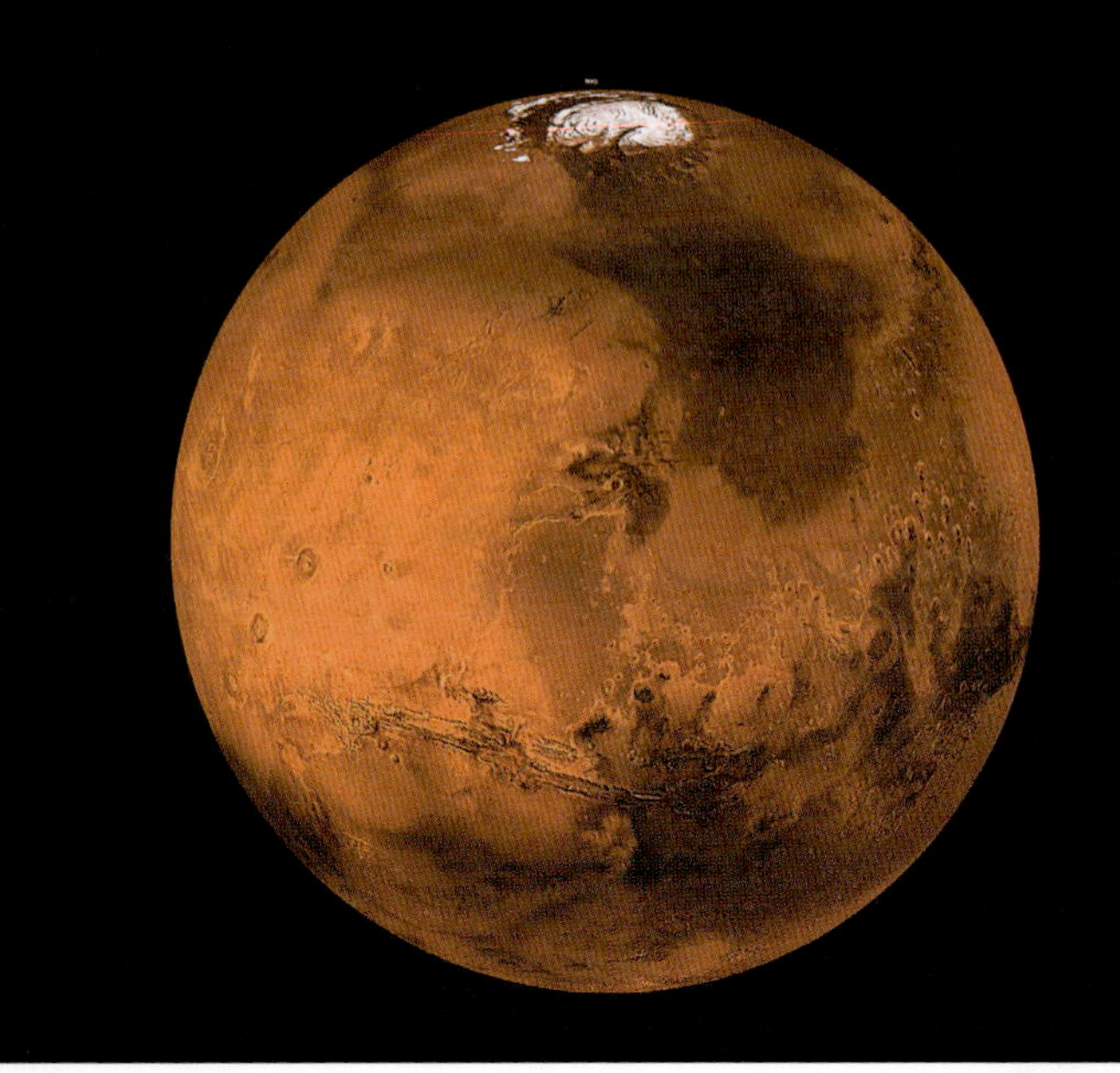

NASAの火星探査機「バイキング1号」がとらえた火星の全体像。表面に液体の水はなく、豊富な酸化鉄（さび）によって赤みがかった色をしている。そのために「赤い惑星」ともいわれる。また、極域（北極）に見える白い領域は「極冠」といい、冬になるとドライアイスのぶ厚い層でおおわれる。写真は夏の極冠。
©NASA

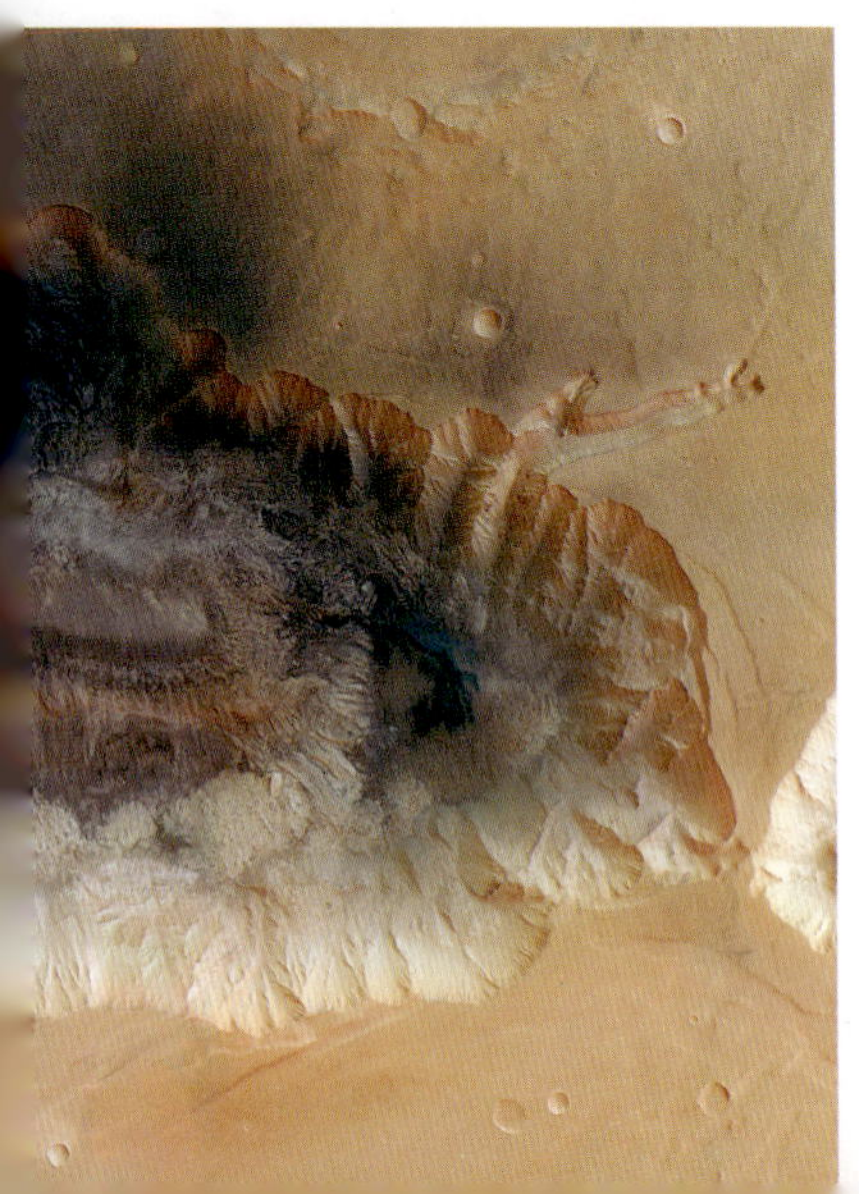

ESAの探査機「マーズ・エクスプレス」が撮影した火星のグランドキャニオン、マリネリス峡谷から伸びているヘベス谷。これは深さが最大で約8㎞、長さは約315㎞、幅は最大で125㎞もある巨大渓谷だ。
©ESA/DLR/FU Berlin(G.Neukum)

火星のボレアリス・クレーターを斜め上空からとらえた姿。クレーター内には、氷原（水色部分）が広がっている。ESAの探査機「マーズ・エクスプレス」が2006年9月に撮影した。

火星には豊富な水があった？

DATA 火星の諸データ

太陽からの平均距離：
1.52AU
質量：
0.1074（地球=1）
赤道半径：
3396.2km
密度：
3930kg/m³
表面平均温度：
−58℃
公転周期：
686.98日
自転周期：
1.026日
おもな大気：
二酸化炭素（約95.0%）、窒素（約2.7%）

２０１４年9月24日、インド宇宙研究機関（ＩＳＲＯ）の火星探査機「マンガルヤーン」が火星周回軌道へ入った。これにより火星は、ＮＡＳＡやＥＳＡ、そしてＩＳＲＯという3機関のオービター（周回探査機・人工衛星）と着陸機を合わせると史上最多、計7機もの探査機が探査ミッションを行う時代に突入した。

なぜ、それほどまでに火星は探査の対象となり得るのか。それは、火星にはかつて濃い大気と豊富な水があり、生命が存在していたのではないかと考えられているからだ。

まず、火星の概要を見てみると、地球と比べて直径は約半分、質量は約10分の1、重力は40%ほど。表面が赤く見えるのは、地表に酸化鉄が多く含まれているためだ。また、火星の大気は非常に薄く、表面の気圧は地球の約１００分の1しかない。成分の95%を二酸化炭素が占めている。自転軸の傾斜は25度なので地球のように四季もあるが、太陽から受け取るエネルギーが地球の約半分で、平均気温がマイナス58℃という極寒の惑星である。

こうした火星の大地には、以前より、かつて大量の水が流れていたことを示唆する浸食地形が見つけられていた。また、2011年にはNASAが、南半球にあるニュートン・クレーターなどで、夏になるにしたがって斜面に沿って黒っぽい筋が広がっていき、冬になるとその筋が消える崖を「マーズ・リコネサンス・オービター（MRO）」の探査で発見。これは、地下からしみ出した水のしわざではないかと考えられている。

さらに、NASAの火星探査車「キュリオシティ」は、火星に着陸して2年が経過した2012年9月、着陸以来探査を続けていたゲールクレーター内、その北端とクレーター中央付近にある高さ約5500mのシャープ山（アイオリス山）の中間地点で、水流によって運ばれたと考えられる丸い小石の集まりを見つけた。それは、過去の火星には秒速約90㎝、川幅が約610mもの水流があったことを示唆している。

さまざまな発見や、この小石の詳細な分析などから、35～40億年前、火星には大量の水があった可能性が高まってきた。そして、かつて火星表面にあったはずの大量の水は、火星表面から宇宙空間へ消えていった。残った水は、現在も北極や南極といった極地、あるいは地下に、氷の状態で存在しているのではないかと考えられている。

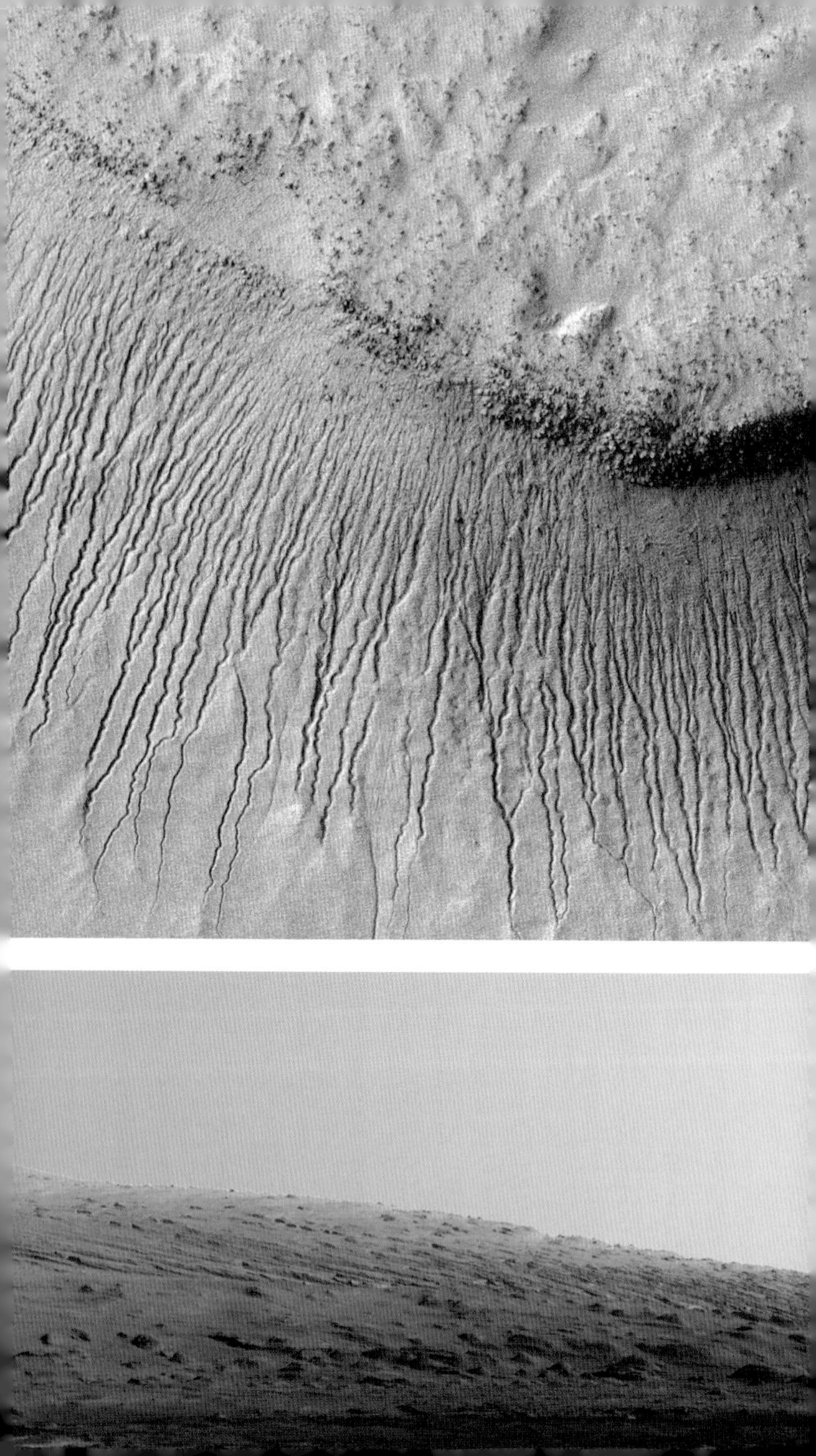

2011年1月、NASAの火星探査機「マーズ・リコネサンス・オービター（MRO）」が撮影した、火星最大の衝突クレーター「ヘラス盆地」。斜面には筋状の地形が無数に見える。これはガリーといって、2000年に初めて観測された水が流れてできたような構造である。

ゲールクレーターを探査していたNASAの火星探査車「キュリオシティ」のデータをもとに作成された、同クレーター中央にあるシャープ山（アイオリス山）のパノラマ写真。

火星に生命は存在し得るのか？

火星の地下に水があるとすれば、微生物などの生き物がいても不思議はない。そんななか、2013年2月、NASAの火星探査車「キュリオシティ」は、ゲールクレーター内のイエローナイフ湾という盆地で、史上初の火星の土壌採掘調査を行っている。

キュリオシティは、ロボットアーム先端についたドリルを使って、地表に直径1・6㎝、深さ6・4㎝ほどの穴を掘ってサンプルを採取。サンプルを自身が装備した分析装置にかけて、どんな物質を含んでいるかなどをくわしく調べた。その結果、土壌には硫黄や窒素、水素、酸素、リン、炭素といった生命のもととなるような物質があることが判明した。

かつての火星は今よりもずっと温かく、たくさんの水をたたえていた時代があったとすれば、土壌から見つかった一連の物質から、過去の火星には「原始的な生命」が存在していた可能性が高まった。

これに先立つ2004年、ESAの火星探査機「マーズ・エクスプレス」が、火星の大気に微量のメタンを検出したと報じられた。メタンは、地質学的な作用でできる場合もあるが、地球では、その多くは生物が食料を消化する際に生成される。また、動物の消化器や沼地、海底、地殻内などに生息する「メタン菌」という微生物が合成する。そのため、火星大気に一定量のメタンが含まれるのであれば、メタン菌のよな微生物がいるのではないか、いるのであれば水が存在しているのは地中深くではないかと推測された。

ところがその後、2012年10月から6回にわたり、キュリオシティが火星大気を採取して分析したところ、メタン濃度は従来値（最大45ppb）を大きく下回る1・3ppb未満であることが判明。10年弱でメタンがこれほど激減するとは考えられず、「火星にはメタンを発生させる生命はいない」とした。そのいっぽうで、2014年5月、アメリカ・アーカンソー大学などの研究チームは、過酷な環境にある火星でもメタン菌が生息可能との実験結果を示している。メタンの有無は今後の探査や研究を待つしかないが、いずれにしても火星は、大気が薄く、地球のように太陽風など強い放射線をガードする磁場もない惑星である。よって、現在の火星で生物が生きているのであれば、地下深くではないか、と見られている。

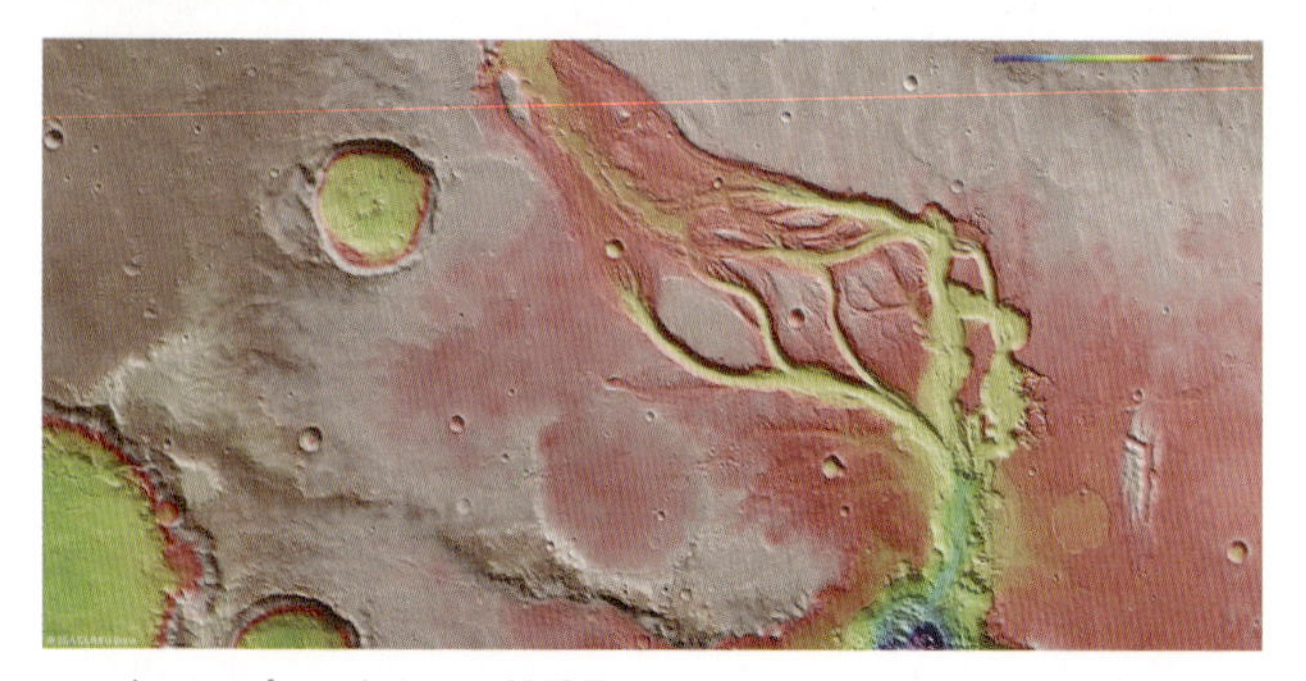

マーズ・エクスプレスがとらえた、総延長164kmにもおよぶオスガ峡谷の中央付近。高低差を色分けしている画像で、白いほど標高の高い場所、赤、黄を経て青〜紫になるほど低い場所を示す。流線型の地形は、水流による浸食で形成された。

2012年9月、ゲールクレーター内で撮影されたNASAの火星探査車「キュリオシティ」の自画像。

「はやぶさ2」がC型小惑星、1999 JU3の衝突装置でつくったクレーターにタッチダウンしてサンプルを採集するイメージ。
イラスト:池下章裕

地表の堆積物が風に巻き上げられてできた、白っぽい波模様が見えるノクティス・ラビリントゥス(夜の迷宮)。マリネリス峡谷の西端にあり、文字どおり、深い谷が迷路のように広がっている。また、たくさんの火山が存在するタルシス地域と隣接している。2013年8月31日、NASAの「マーズ・リコネサンス・オービター(MRO)」がとらえた。

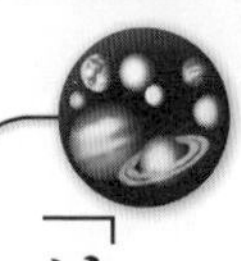

「はやぶさ」の成果と「はやぶさ2」の目的

2005年、小惑星探査機「はやぶさ」は、ターゲットの小惑星イトカワに到着。小惑星の表面から直接サンプルを採取し、2010年6月13日、さまざまなトラブルを乗り越えて、世界で初めて小惑星のサンプルを地球に持ち帰ることに成功した。

その後、イトカワの微粒子の解析から、イトカワの母天体は直径20km以上あったと考えられること、イトカワの母天体は何度もほかの天体と衝突を繰り返しており、バラバラになった母天体の一部が集まってイトカワができたことなどが明らかになっている。

2014年12月3日、「はやぶさ」の後継機である「はやぶさ2」が、種子島宇宙センターからH‐ⅡAロケットによって打ち上げられた。同機が目指すのは「1999JU3」という小惑星で、イトカワと同じように、火星と木星のあいだにある小惑星帯から地球軌道に近づく軌道をもつ「地球接近小惑星」のひとつだ。

「1999 JU3」は、炭素系の物質を含んだC型小惑星で、直径900mの球形をしており、1周7・6時間で自転している。また、表面の反射率が低いことから黒っぽい色をしていると見られている。

C型小惑星は、かつて原始太陽系のなかの低温な領域で形成され、太陽系が誕生したときのままの状態が残っていると考えられている。つまり、この小惑星の物質を持ち帰ることができれば、太陽系ができたときの状態、小惑星に含まれる有機物や水から地球の生命誕生の謎を解明する重要な手がかりが得られる、と期待されているのだ。

現在も宇宙を航行している「はやぶさ2」は、2018年にターゲットへ到着し、1年半ほど滞在して小惑星を精査。その間、ローバーを下ろし、タッチダウンしてサンプルを採集する。最後に、直径約20㎝、重さ約10㎏の円筒形の衝突体（弾丸）を小惑星に衝突させて、表面にクレーターをつくる。直径が数メートル程度と想定されるクレーター内の風化や変質していない新鮮なサンプルを採取して、2019年末に小惑星を出発する。

その後、「はやぶさ2」は2020年末に地球へ帰還する予定だ。ただし同機が地球へ戻るわけではなく、サンプルを詰めたカプセルをオーストラリアの砂漠に届けた「はやぶさ2」は、イオンエンジンを使って新たな天体探査に向かうことになるだろう。

ハッブル宇宙望遠鏡がとらえた木星の姿。中心付近に見える渦が大赤斑で、木星の下から顔を出しているのは木星最大の衛星ガニメデだ。

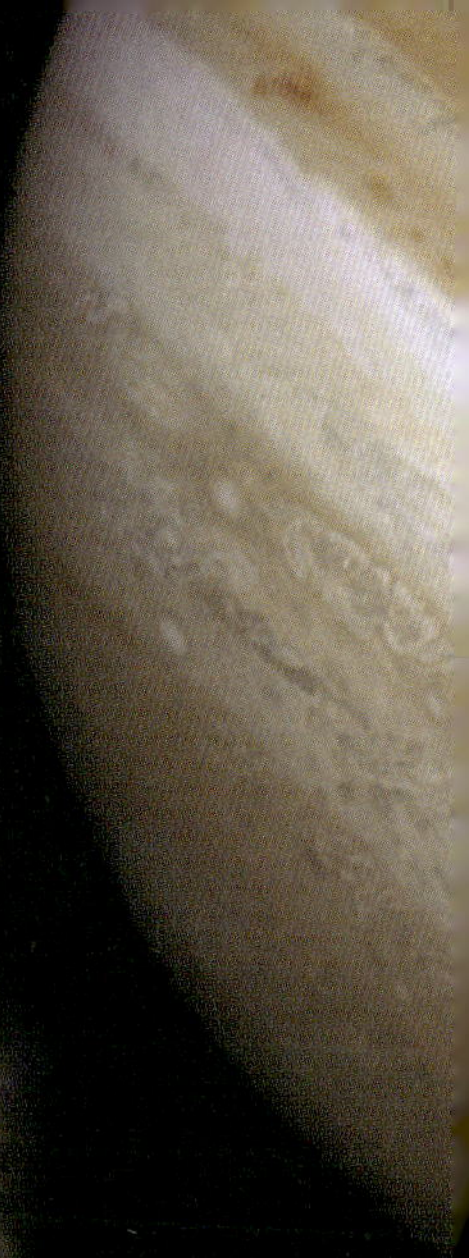

木星の南北両極で紫色に輝いているオーロラ。活火山がある木星の衛星イオから吹き出た酸素や硫黄のイオンが木星の両極に集まり、太陽風と衝突することでオーロラは発生している。画像は、X線天文衛星チャンドラとハッブル宇宙望遠鏡による観測データの合成。
©X-ray:NASA/CXC/SwRI/R.Gladstone et al.;Optical:NASA/ESA/Hubble Heritage(AURA/STScI)

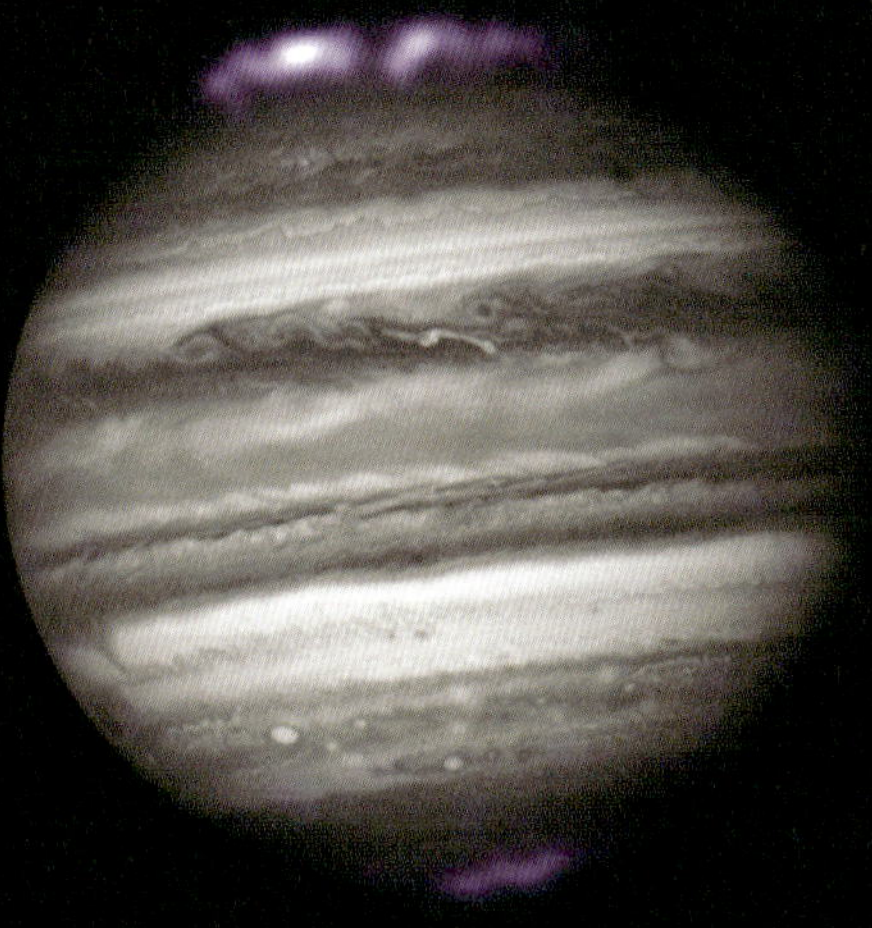

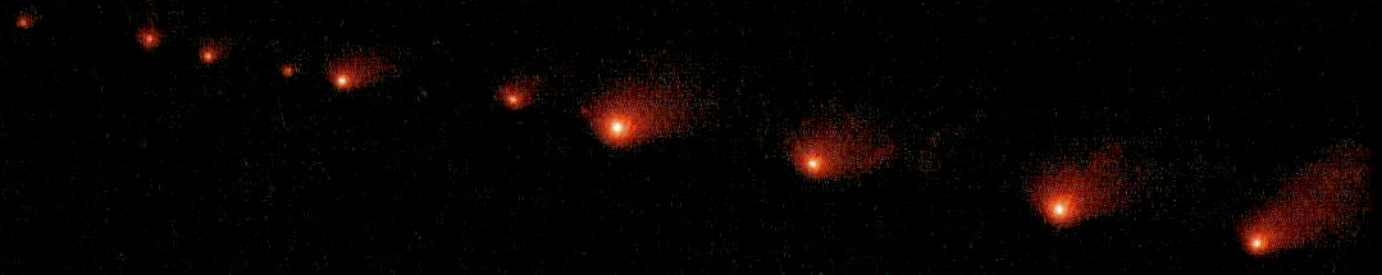

ハッブル宇宙望遠鏡がとらえた、木星に衝突するシューメーカー・レビー第9彗星（SL9）。木星の重力によって20個以上の破片に分裂し、1994年7月16日～22日にかけて次々と木星へと衝突。分裂する前の彗星核の大きさは5km程度だと推定されている。
©NASA,ESA,and H.Weaver and E.Smith（STScI）

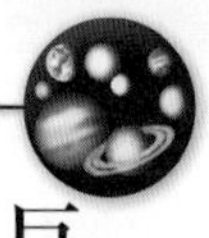

巨大ガス惑星・木星の傷跡

直径は地球の11倍、質量は317倍、体積は1300倍超という木星は、太陽系最大の惑星だ。太陽系全体の質量のうち99・9%を太陽が占めるが、残りのほとんど（約70%）は木星の質量である。木星には地球や火星のように岩石でできた地面はなく、惑星全体がガスの塊。主成分は水素とヘリウムで、水素が全体の81%ほどを占める。ガス惑星とあって密度は岩石惑星に比してかなり小さく、水の1・3倍ほどしかない。

木星の代名詞といえば、表面に見える赤色や白色、茶色でできた縞模様、それと「大赤斑」といわれる大きな渦だろう。

可視光で見えている木星の姿は表層にある雲で、赤・白・茶といった色の違いは、雲の温度と含まれる硫黄やリンの化合物の違いを示している。また大赤斑は、木星表面の気流の乱れによって生じた渦だ。その大きさたるや地球の直径の2倍を超え、最初に望遠鏡で観測されてから400年消えることなく存在している。

DATA 木星の諸データ

- 太陽からの平均距離：5.2026AU
- 質量：317.83（地球=1）
- 赤道半径：71492km
- 密度：1330kg/m³
- 表面平均温度：−79℃
- 公転周期：11.86155年
- 自転周期：0.414日
- おもな大気：水素（約81%）、ヘリウム（約17%）

木星は重力が強いので、小惑星や彗星がしばしば衝突し、閃光や「傷跡」が観測されている。たとえば、1994年7月には「シューメーカー・レビー第9彗星（SL9）」が木星に衝突。SL9は木星の重力によって上空で崩壊、20個以上の破片が木星へと落下した。その結果、木星の表面にはいくつもの傷跡が残されたのだ。衝突は地球から見て木星の裏側で起こったため地上からは観測できなかったが、軌道上から、ハッブル宇宙望遠鏡が、衝撃によってできた高さ3000㎞にも達したキノコ雲を撮影している。

ほかにも、2010年8月には日本のアマチュア天文家が、木星への小惑星衝突を動画で撮影した。同年10月と2012年9月には、オーストラリアとアメリカのアマチュア天文家が相次いで木星への小惑星衝突と思われる閃光を観測、目撃している。

ところで、木星の内部構造はどうなっているのか。高圧の中心部には、鉄やニッケルの金属核とケイ酸塩などでできた岩石質の中心核がある。その外側には、液状の金属水素（と少量のヘリウム）でできた厚さ約4万㎞の層があり、さらにその外側を、厚さ約2万㎞の液体分子状の水素を中心とした層が取り囲んでいる。つまり木星は、太陽系が誕生した頃の星間ガスを大気として取り込んでいる惑星なのだ。

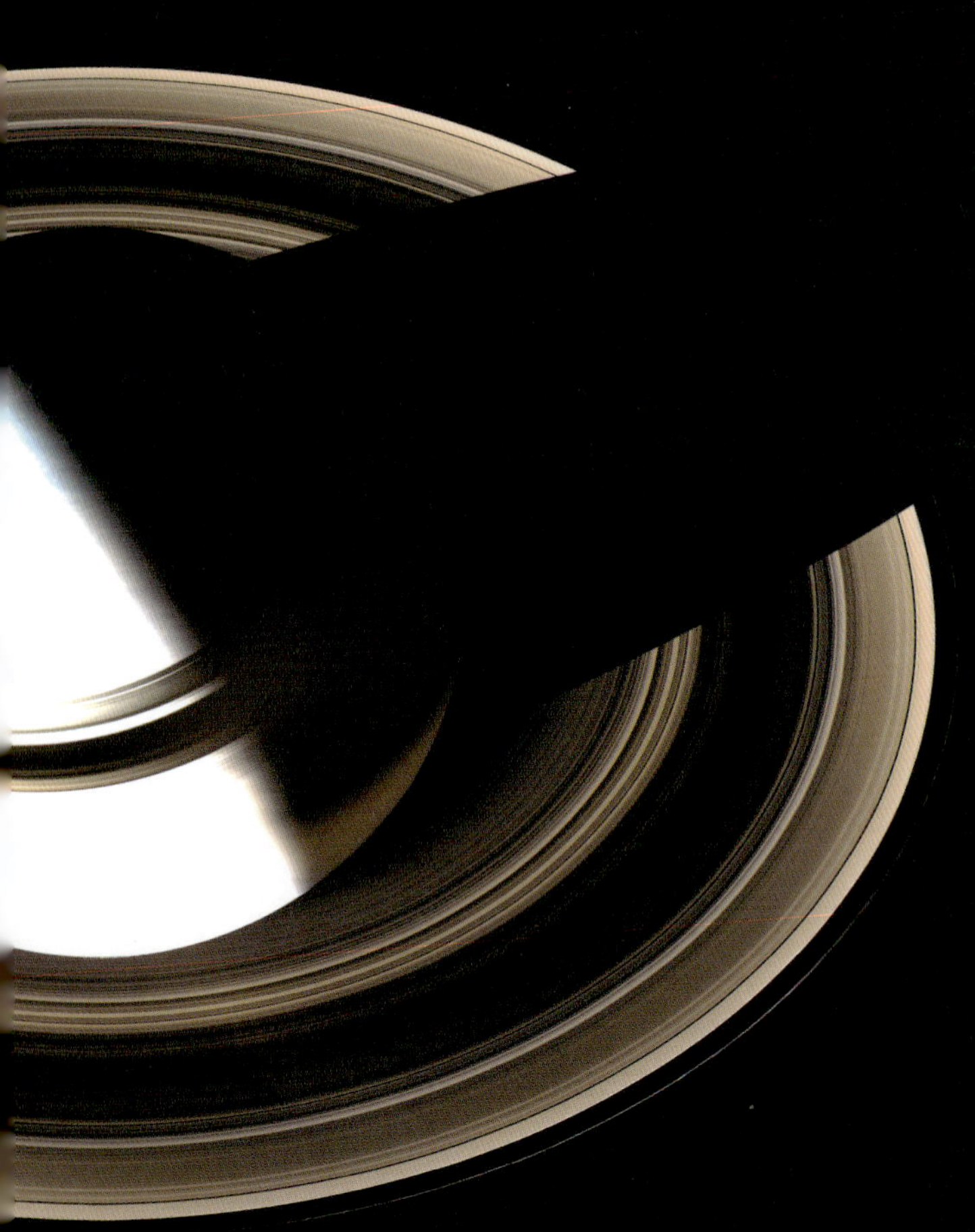

2007年3月1日に公開された、NASAの土星探査機「カッシーニ」が北緯60度の方向から見下ろすかたちで撮影した土星。中心の球部分に映った環の影や環の反射によって照らし出された夜側の美しい姿がある。

カッシーニが赤外線分光器を使って計測した土星のリング。温度の違いを疑似カラーで示している。赤は比較的温かく160℃、青はかなり低いマイナス200℃、緑はマイナス180℃。

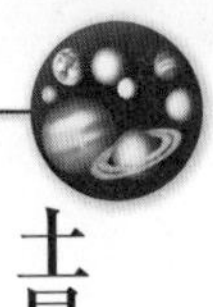

土星、美しきリングの正体

太陽系の惑星で木星に次いで大きい土星は、木星同様、ほとんどが水素でできたガス惑星だ。密度は太陽系の惑星でもっとも小さく、比重は０・６９。つまり、水に浮くほど密度が小さい。そして、美しい環（リング）が土星の大きな特徴のひとつである。

環の存在に初めて気づいたのはガリレオ・ガリレイであり、１６５５年には天文学者のクリスティアーン・ホイヘンスが、その環は土星を取り巻くリングであると主張した。その後、望遠鏡の発達とともに、環の数や成分など少しずつ環の謎は解明されていった。

土星の環はおもに、内側のＣ環、Ｂ環、Ａ環、カッシーニの間隙（Ａ環とＢ環のあいだにあるすき間）からなるメインリング、もっと内側にあるＤ環、メインリングの外側にあるいくつかの環（フェーベ環、Ｆ環、Ｇ環、Ｅ環）という構成になっていて、アルファベットは発見の順番を示す。これらの環は、内側からＤ、Ｃ、Ｂ、Ａ、Ｆ、Ｇ、Ｅ、フェーベ環という順番だ。また、メインリングは小型の天体望遠鏡で確認できる。

DATA
土星の諸データ

太陽からの平均距離：
9.555AU

質量：
95.16（地球 =1）

赤道半径：
60208km

密度：
690kg/m^3

表面平均温度：
−130℃

公転周期：
29.532 年

自転周期：
0.444 日

おもな大気：
水素（約 93%）、ヘリウム（約 5%）

ハッブル宇宙望遠鏡がとらえた土星。
©NASA/ESA and E.Karkoschka(University of Arizona)

なお、地球から見える土星の環は、土星が約30年かけて公転するあいだに環の傾きを変える。これは、土星の赤道面が26・7度傾いているためだ。また、環の厚さが薄いため、15年周期で環が消失して地球から見えなくなる。

1997年にNASAとESAが共同で打ち上げた、土星探査機「カッシーニ」などにより、前記以外の環や間隙も見つかっている。

環はそれぞれ数cm~数十cmという細かい氷の粒でできている。しかし、環の成因は判然とせず、「40億年ほど前、土星の衛星に直径500kmほどの小惑星が衝突し、粉砕された小惑星のかけらが土星周辺に散らばり土星の重力に引き寄せられて環になった」、「土星が誕生した際、土星の周辺にあった氷の粒が残って環になった」、「土星に近づきすぎたために崩壊した衛星のかけらが環になった」など諸説ある。

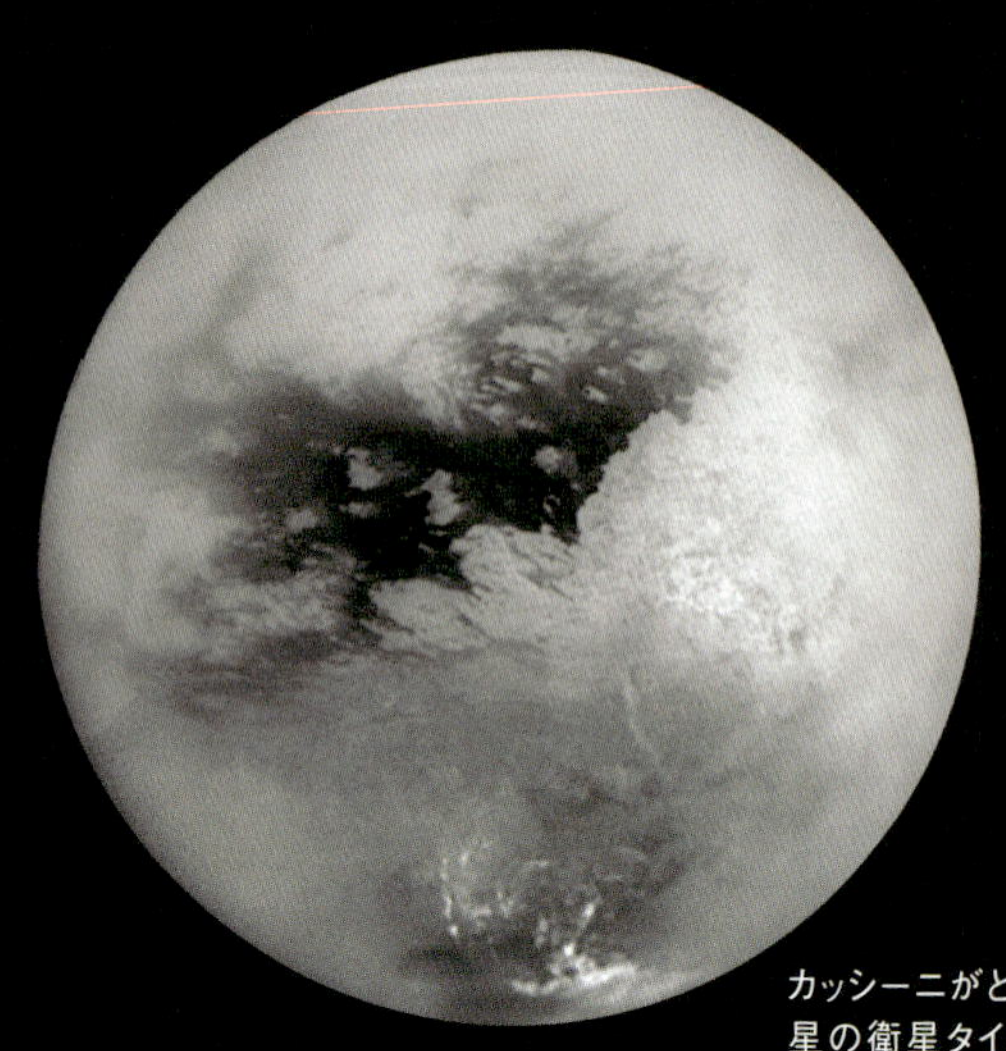

カッシーニがとらえた土星の衛星タイタンの全景。黒く見えるところがメタンやエタンの海だ。

タイタンの北極周辺にある最大の海「クラーケン海」の南側に、太陽が反射して黄や赤に輝いている。この海は、ほとんどが液体のメタンとエタンでできている。2014年8月、土星探査機「カッシーニ」が撮影。

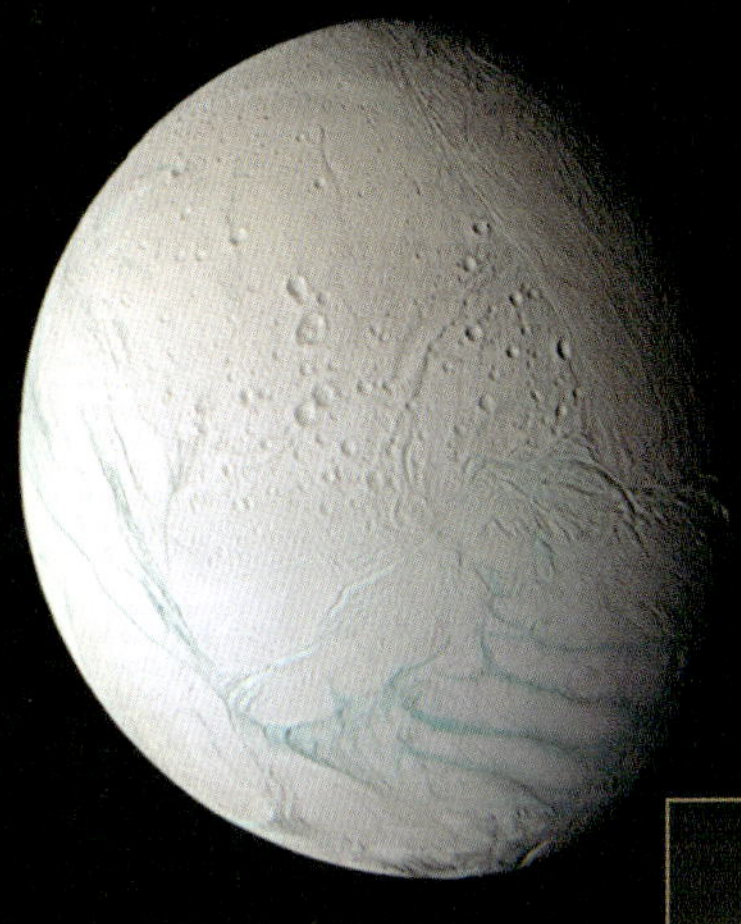

2005年、カッシーニが撮影した土星の衛星エンケラドス。南極に、いくつものひび割れがあるのがわかる。これらのひび割れは、トラの模様のように平行に走っていることから「タイガーストライプ（虎縞）」と呼ばれ、その下には、海が存在するだけでなく、「生命」が存在するかもしれない。
©NASA/JPL/Space Science Institute

2014年、カッシーニがとらえた土星の衛星エンケラドスの間欠泉。エンケラドスでは、おもに4本の100km以上にもわたるひび割れ（タイガーストライプ）から氷の粒や水蒸気が噴き出ている。

©NASA/JPL-Caltech/Space Science Institute

カッシーニがとらえた土星の衛星ディオネ。クレーターや断層は、ディオネには誕生当時から地殻活動があったことを意味する。またディオネには、希薄ではあるが、酸素を主とした大気があることもわかっている。

©NASA/JPL/Space Science Institute

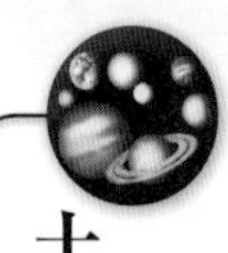

土星の衛星には水や大気がある⁉

DATA タイタンの諸データ

土星からの距離： 約123万km
直径： 5150km
表面平均温度： −170℃
おもな大気： 窒素（約97%）、メタン（約2%）

DATA エンケラドスの諸データ

土星からの距離： 約24万km
直径： 498km
表面平均温度： −198℃
おもな大気： 水蒸気イオン（約91%）、窒素（約4%）

土星には63個の衛星が見つかっている。地上の巨大望遠鏡やＮＡＳＡとＥＳＡの土星探査機「カッシーニ」によって、その多くは２０００年以降に発見されたものだ。

カッシーニの打ち上げは１９９７年10月15日。その後、２００４年７月１日に土星周回軌道へ乗り、翌05年１月14日には突入機「ホイヘンス」を土星の第６衛星タイタンに投下、着陸に成功させた。このタイタンは、太陽系で木星のガニメデに次いで大きく、土星では最大の衛星である。

ホイヘンスは、降下中に液体メタンの海や川、陸地を撮影し、カッシーニを経由して地球に画像を送信してきた。このほか、気温や気圧、メタン濃度などが計測された。これらの観測結果の解析から、タイタンにはメタンやエタンが雨となって降り注ぎ、地表に川や湖のような地形ができていると判明した。カッシーニはまた、土星を楕円軌道で周回するタイタンの形状変化を観測。それによれば、タイタンは岩石だけでなく、地下に液体の水の層（海）があり、そこでは地球の干満のような現象が起きている。タイタンの内部は、外側から順に、メタンやエタンなどの有機物が豊富にある大気と地表、外部氷層、地下に広がる海、高圧氷層、そして含水ケイ酸塩の核、という構造になっていることがわかった。

土星の第2衛星エンケラドスは、反射率が高く太陽系でもっとも白く見える天体だ。カッシーニは、エンケラドスの南極に複数ある「タイガーストライプ」と呼ばれるひび割れから、間欠泉のように噴き出す氷の結晶をとらえている。また、微量だが大気の存在も確認された。さらに、間欠泉の噴出口の下には海が広がっている可能性があるという。タイガーストライプ周辺は、周囲に比べて温度が高く、噴出物は水蒸気、氷の粒子、有機化合物などで、氷の粒子には塩分が含まれていた。この塩分によって凍らずにすんでいる水が、地下には豊富にあるのではないか、と推測される。そして、生命誕生に欠かせない水があるとなれば、エンケラドスには「生命」が存在するのでは、と注目されている。

カッシーニはまた、土星の第4衛星ディオネに薄い大気を発見した。ディオネは、岩石を含む氷でできており、この氷が大気のもとになっていることから、大気の多くは酸素ではないかと推察されている。

ハッブル宇宙望遠鏡がとらえた天王星。衛星やリング（ζ環）も見える。天王星の自転軸は公転軸に対して横倒しになっているが、これは誕生したばかりの天王星に、巨大な天体が衝突したためではないかと考えられている。

©NASA/JPL/STScI

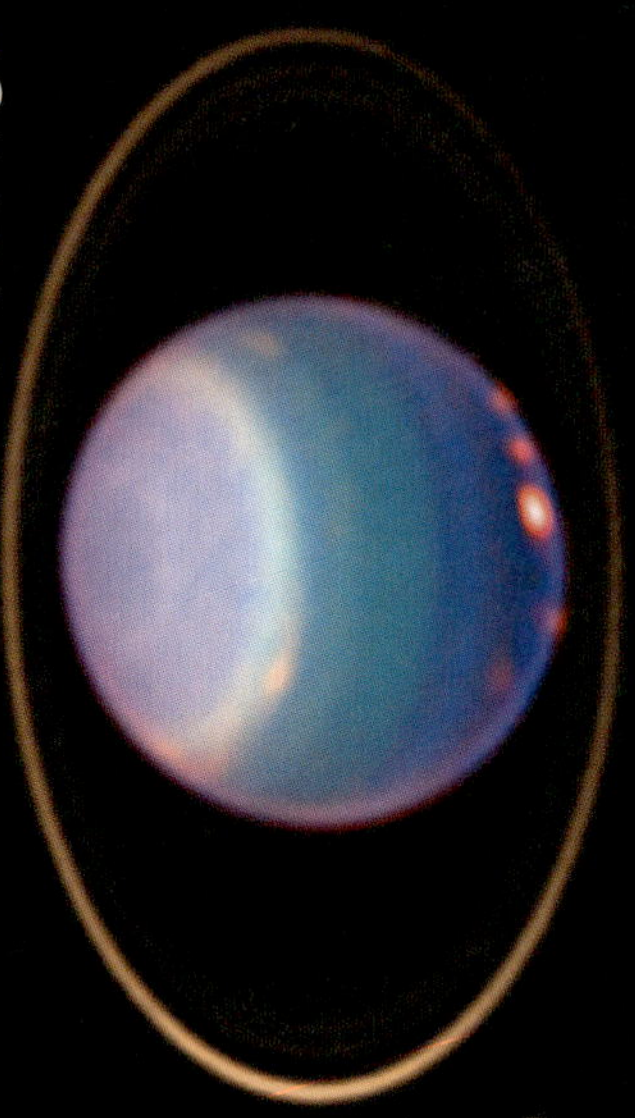

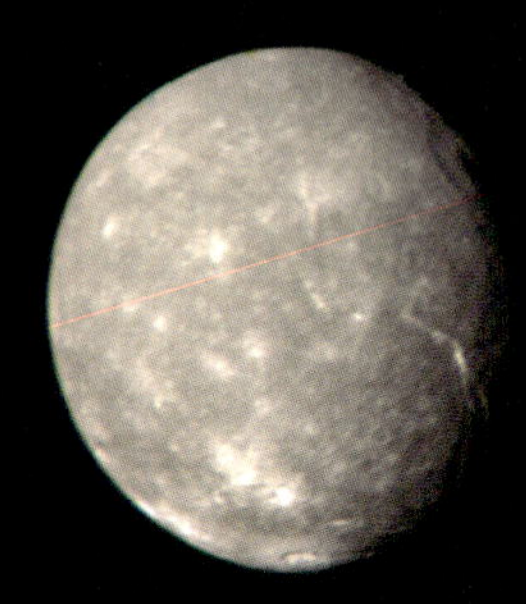

ボイジャー２号が撮影した、天王星最大の衛星タイタニア。直径は1578㎞、天王星からの距離は約44万㎞、氷とケイ酸塩質岩石、メチル基をもつ有機化合物からできてる。赤道付近には「メッシーナ渓谷」と呼ばれる巨大な溝のような地形が見える。
©NASA/JPL

1986年12月、ボイジャー２号が撮影した天王星。写真では見えないが、天王星には暗くて細い11本の環（リング）がある。
©NASA/JPL-Caltech

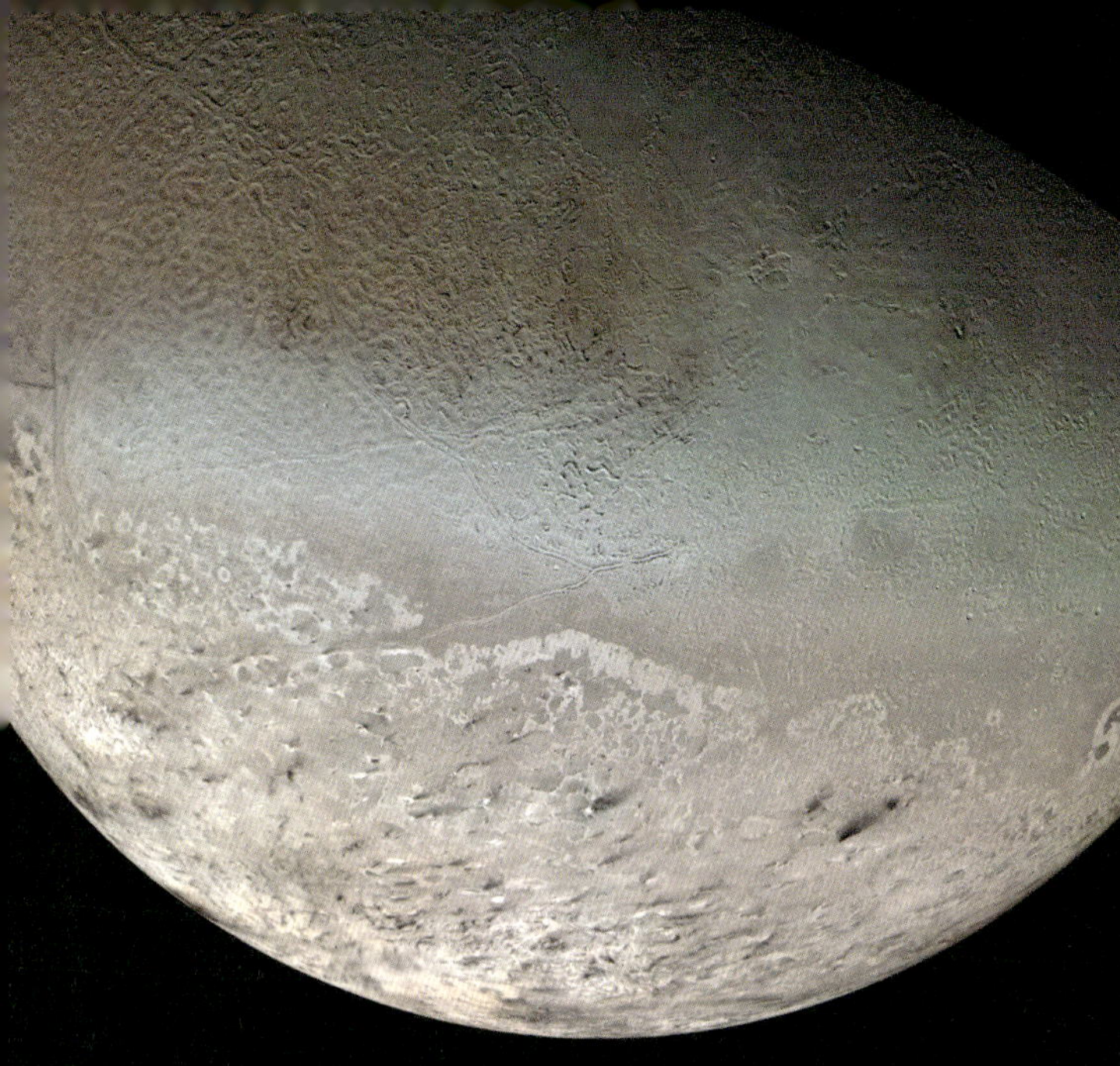

ボイジャー２号が撮影した、海王星の最大衛星トリトン。直径は約2700㎞、海王星の自転とは逆向きの公転軌道をもつ。構成物質は4分の１程度が水、そのほかは窒素化合物、メタンや岩石でできた核からなる。微量な大気は微量のメタンを含む窒素で、表面は窒素とメタンの氷でおおわれている。

1989年8月、ボイジャー２号がとらえた海王星。画面中央付近に見える楕円形をした、周囲よりも暗い部分は「大暗斑」と呼ばれる。現れたり消えたりするが、その理由は明らかにされていない。

凍った惑星、天王星と海王星

太陽系にある8つの惑星で、もっとも太陽から遠い位置を公転しているのが海王星、そのひとつ内側を公転しているのが天王星だ。いずれも水やメタン、アンモニアが凍ってできた巨大氷惑星で、天王星型惑星といわれる。

天王星と海王星がともに青色に見えるのは大気の影響だ。いずれの惑星にも水素を主成分とするガスの層（大気）があり、そこにはヘリウムと微量のメタンが含まれている。メタンには赤色の光を吸収する性質があるため、わたしたちの目には青みがかって見えるのだ。また、海王星は天王星よりも大気に含まれるメタンの量が多い。そのため、海王星はより青みが強く、コバルトブルーに見える。大気の下には、水、メタン、アンモニアなどの氷でできたマントル層があり、中心には氷、ケイ酸塩、鉄やニッケルなどの金属でできた核がある。

天王星の公転周期は約84年、直径は地球の約4倍と太陽系では木星、土星に次いで3番

DATA 天王星の諸データ

太陽からの平均距離：
19.22AU
質量：
14.54（地球＝1）
公転周期：
84.25年
自転周期：
0.718日

DATA 海王星の諸データ

太陽からの平均距離：
30.11AU
質量：
17.15（地球＝1）
公転周期：
165.23年
自転周期：
0.671日

目に大きい惑星だ。１９８６年、ＮＡＳＡの惑星探査機「ボイジャー2号」の探査で、天王星の自転軸は公転軸に対して98度も傾いていることがわかった。つまり、自転軸は横倒しになっていて、天王星はごろごろと転がるように公転しているのだ。原因については、誕生直後の天王星に大きな小惑星が衝突、その影響で自転軸が大きく傾いたのではないかと考えられている。また、天王星には11本の環が見つかっている。

海王星は、太陽から離れること45億㎞の軌道を約１６５年かけて公転している。サイズは天王星よりも少し小さく、表面温度はマイナス２２０℃という極寒の惑星だ。大気の下、つまり内部構造（マントル層、中心の核）は天王星同様と考えられている。

こちらも、１９８９年にボイジャー2号が探査している。それによって、海王星の表面には、東西方向に秒速４００㎞もの強風が吹いていることがわかった。また、表面に「木星の大赤斑」のような暗い楕円形をした渦巻きが見つかり、これは「大暗斑」と呼ばれる。１９９４年のハッブル宇宙望遠鏡による観測では、この大暗斑はすっかり消えていたが、その後再び、同様の模様が確認された。こうした大暗斑の出現と消滅のしくみは謎のままだ。なお、海王星には、非常に細い環がこれまでに5本見つかっている。

チリ・サンティアゴの夜明け前の空に、長大な尾を引いたラブジョイ彗星。太陽表面からわずか13万kmという極近距離を通過したにもかかわらず、核が消滅することなく回帰した。ただし、北半球ではほとんど観測できなかった。

2013年11月15日の早朝、ESOのラ・シラ天文台のトラピスト国立望遠鏡がとらえたアイソン彗星。青、緑、赤、近赤外フィルターを通して撮影された。11月29日には近日点を通過し、その後、大きな尾を引く世紀の大彗星になるのではと期待されたが、太陽へ接近した際に核が崩壊、消滅してしまった。

©TRAPPIST/E.Jehin/ESO

1986年3月8日に撮影されたハレー彗星。約76年周期で地球に接近する短周期彗星で、歴史的遺物にも多くの記述が残されている。彗星の主成分は、炭素、水（氷）、一酸化炭素などで、探査機により、核のサイズは8㎞×8㎞×16㎞であることがわかった。
©ESO

彗星はどんな天体でどこからやってくる？

彗星は、長い時間をかけて太陽へ近づく（回帰する）天体で、公転周期が２００年より短い短周期彗星と、２００年より長い長周期彗星に分類される。なかには、楕円軌道でなく、放物線の軌道を描いて二度と回帰しない彗星（非周期彗星）もある。また、古来より、美しく長い尾を引くその姿から「ほうき星」とも呼ばれてきた。

彗星の成分は、８割が水、２割が二酸化炭素（ドライアイス）や一酸化炭素といった揮発性物質だ。表面は、微少な岩石の欠けらでできたチリにおおわれている。こうした構成物質などから、彗星の核はしばしば「汚れた雪だるま」ともいわれる。

太陽から遠く離れているときの彗星は凍りついているが、太陽に近づくにつれて核表面の殻の温度が上がり、殻の割れ目から揮発性物質がジェットとなって吹き出してくる。やがて、ジェットとして吹き出したガスが核を包み込んでコマが形成される。核の大きさは数km～数十km、コマは10万kmほどから、水素のコロナを含めると１００万kmにも達する。

コマができた彗星が、さらに太陽へ近づくと、イオン化したプラズマの長い尾が数億㎞にも伸びることがある。同時に、細かいチリによるダストの尾も形成される。このようにして、刷毛で掃いたような美しい尾を引く「ほうき星」が現れるのだ。

長周期彗星や非周期彗星は、宇宙のどこから太陽を目指してやってくるのか。その仮説として提唱されたのが、「彗星の巣」ともいわれる「オールトの雲」だ。

オールトの雲は、太陽から2万〜10万天文単位（3兆〜15兆㎞）も離れた太陽系の最外縁部に、太陽系をすっぽりと包む込むように存在すると考えられている。水や二酸化炭素、一酸化炭素、メタンなどの氷でできた太陽系誕生当時の始原物質で構成されていて、文字どおり「雲」のように、太陽系の外縁部を球殻状に取り囲んでいる。

オールトの雲にある揮発性の塊が、何らかの理由で太陽系の中心へ向かうと、最初は二度と戻らない放物線軌道で太陽へ接近する。それが、太陽へ接近し太陽の重力にとらえられると楕円軌道に変わり、周期が数万年にもなる長周期彗星となる。回帰するたびに周期が短くなっていき、やがて海王星よりも外側の黄道面にある「エッジワース・カイパーベルト」に集まっていく。短周期彗星は、この付近（遠日点）から太陽に近づいてくる。

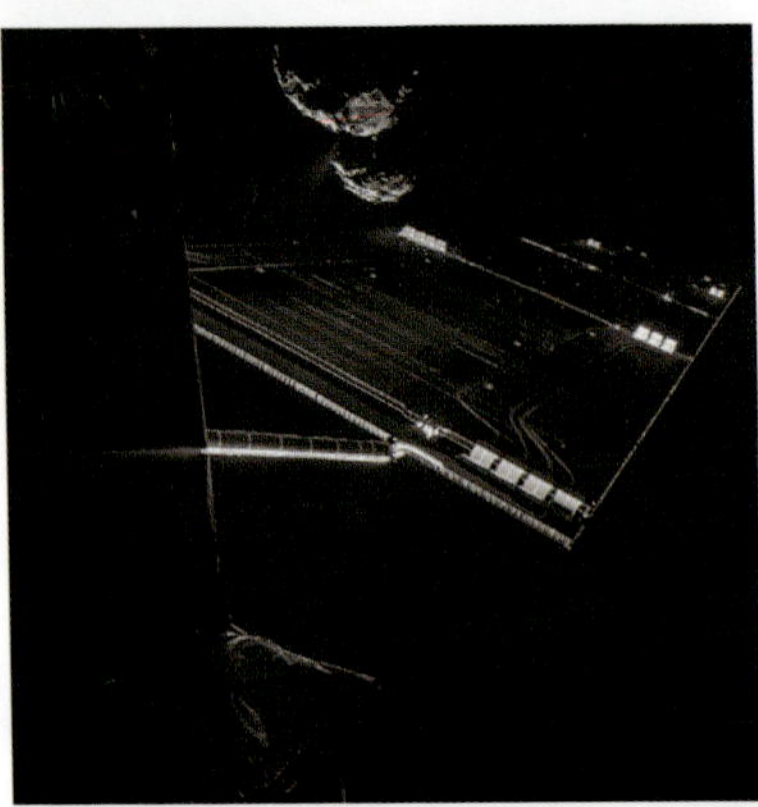

2014年10月7日、フィラエが撮影したロゼッタの太陽電池パネル部分と彗星。
©ESA/Rosetta/Philae/CIVA

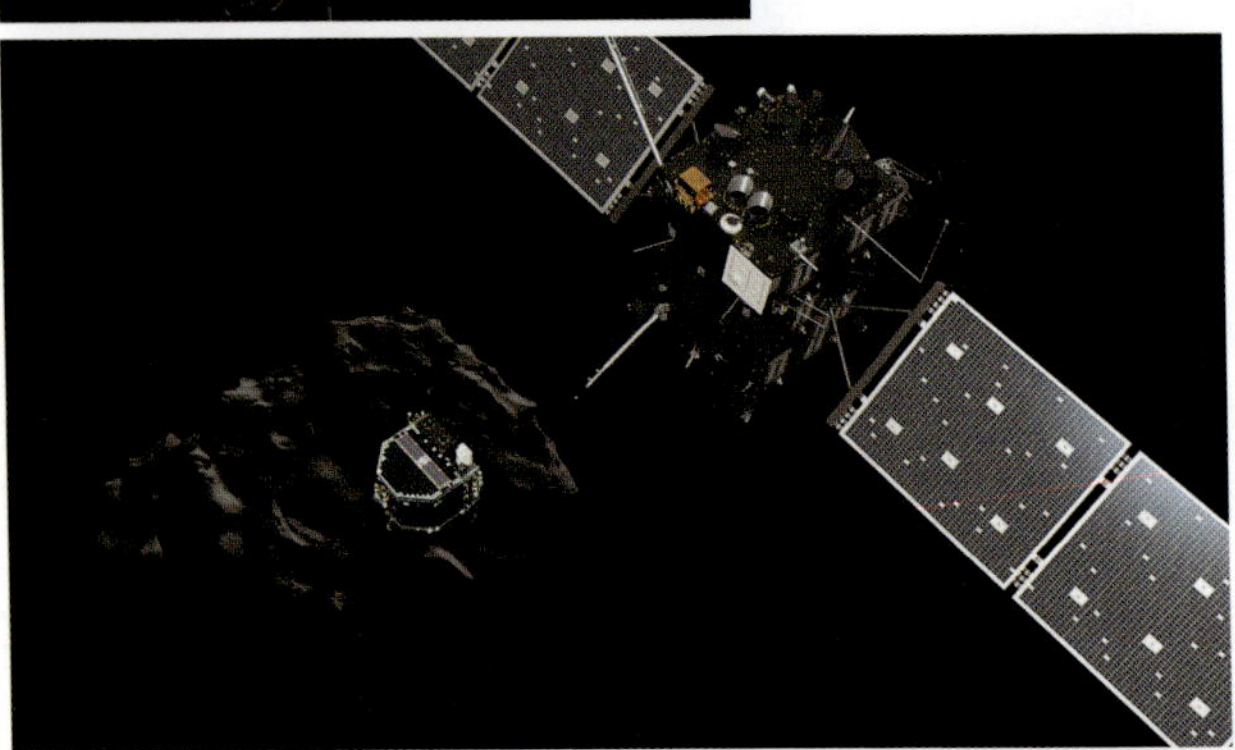

ロゼッタ(右)と彗星に着陸するフィラエ(左)のイメージ。
©ESA/ATG medialab

ESA(ヨーロッパ宇宙機関)の彗星探査機ロゼッタが、2004年3月2日、フランス領ギアナからアリアン5ロケットで打ち上げられた瞬間。
©ESA/CNES/ARIANESPACE-Service Optique CSG, 2004

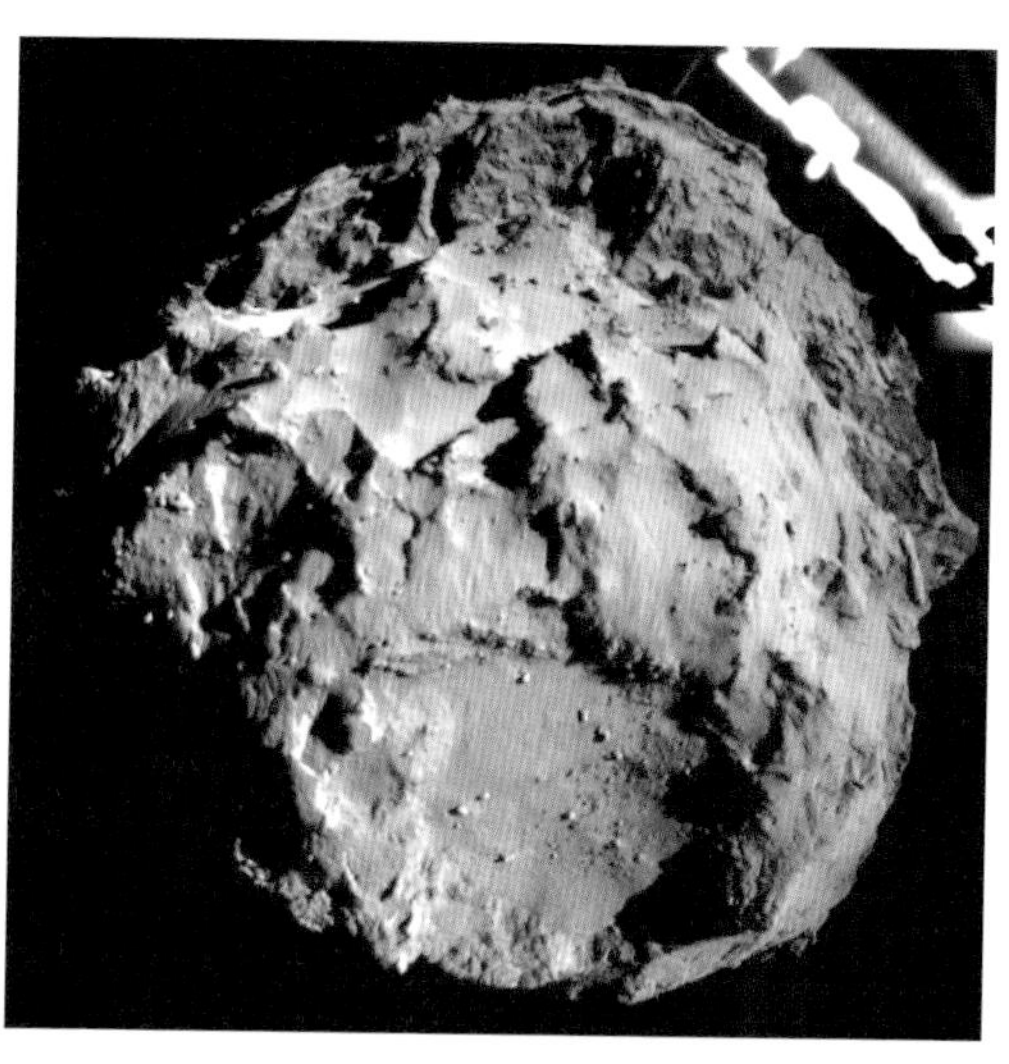

彗星の表面到達前、上空およそ3㎞地点からフィラエが撮影したチュリュモフ・ゲラシメンコ彗星の姿。
©ESA/Rosetta/Philae/ROLIS/DLR

2014年11月20日、ロゼッタが撮影したチュリュモフ・ゲラシメンコの彗星。幅4㎞ほどの核のくびれた部分から氷や内部のガスが噴出し、チリとなって放出しているのがわかる。
©ESA/Rosetta/NAVCAM-CC BY-SA IGO 3.0

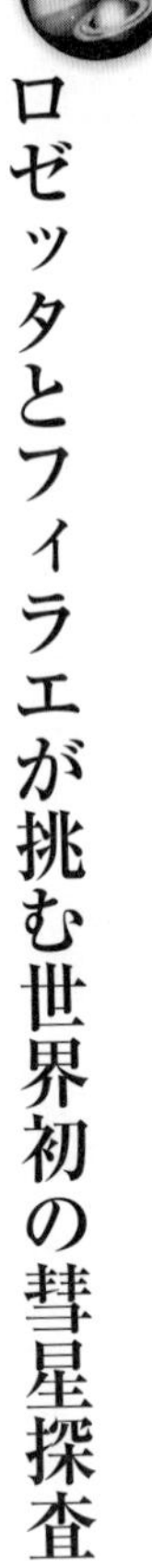

ロゼッタとフィラエが挑む世界初の彗星探査

太陽系はいかにして形成されたのか？　その謎を解くカギは、太陽系形成当時の物質が残されている彗星にあると考えられる。その調査のために飛び立ったのが、ＥＳＡの彗星探査機「ロゼッタ」と、その搭載機「フィラエ」だ。ＪＡＸＡの小惑星探査機「はやぶさ」が、小惑星イトカワから試料を持ち帰ったことは記憶に新しいが、ロゼッタとフィラエのミッションは、はやぶさとは異なり、「彗星にランデブー・軟着陸し表面の組成や内部構造を観測調査する」こと。この彗星への着陸挑戦は、世界初の試みである。

ターゲットは、チュリュモフ・ゲラシメンコ彗星。これは、６・５７年かけて太陽の周りを公転していて、核は４・１㎞×３・２㎞×１・３㎞と２・５㎞×２・５㎞×２㎞のふたつがつながったような構造をしており、12・４時間の周期で自転している。

２００４年３月２日に打ち上げられたロゼッタが、目標の彗星に到着したのは10年後の２０１４年８月６日。移動スピードが速い彗星にランデブーするのは困難をきわめたが、太陽系内における総距離60億㎞におよぶ追跡の末ランデブーに成功した。

その後彗星の周回軌道上を飛びながら、フィラエの目標投下地点を決定。彗星の重力は非常に小さいため、フィラエは、機体を彗星表面に押しつけるスラスタ、固定用の銛(もり)とドリルの3つの方法で着陸時のバウンドに備えていた。しかし、投下直前でスラスタの故障が発覚。それでもミッションは継続され、同年11月12日にフィラエを投下。その7時間後、ついに世界初の彗星着陸成功を知らせる「彗星表面に接地」の確認信号が入った。

快挙のいっぽうで、実際の着陸地点が目的地から1㎞ほど離れた、起伏の激しい日陰の多い場所だと判明する。その場所では、日照時間が短いため太陽光発電が難しく、電源が確保できない。また、接地用の銛も発射されておらず、姿勢も不安定な状態となった。それでもフィラエは、その場所で休みなく観測を続行し、主目的であった彗星表面の観測データを地上に送信。その後、電力が底を尽き冬眠状態に入った。

ロゼッタは引き続き彗星の観測を継続しており、2014年12月12日、ESAは彗星から噴出される水が地球のそれとは大きく異なると発表。これは「地球生命の起源となる水が彗星ではなく、小惑星からもたらされた」とする説を補強するものとなった。

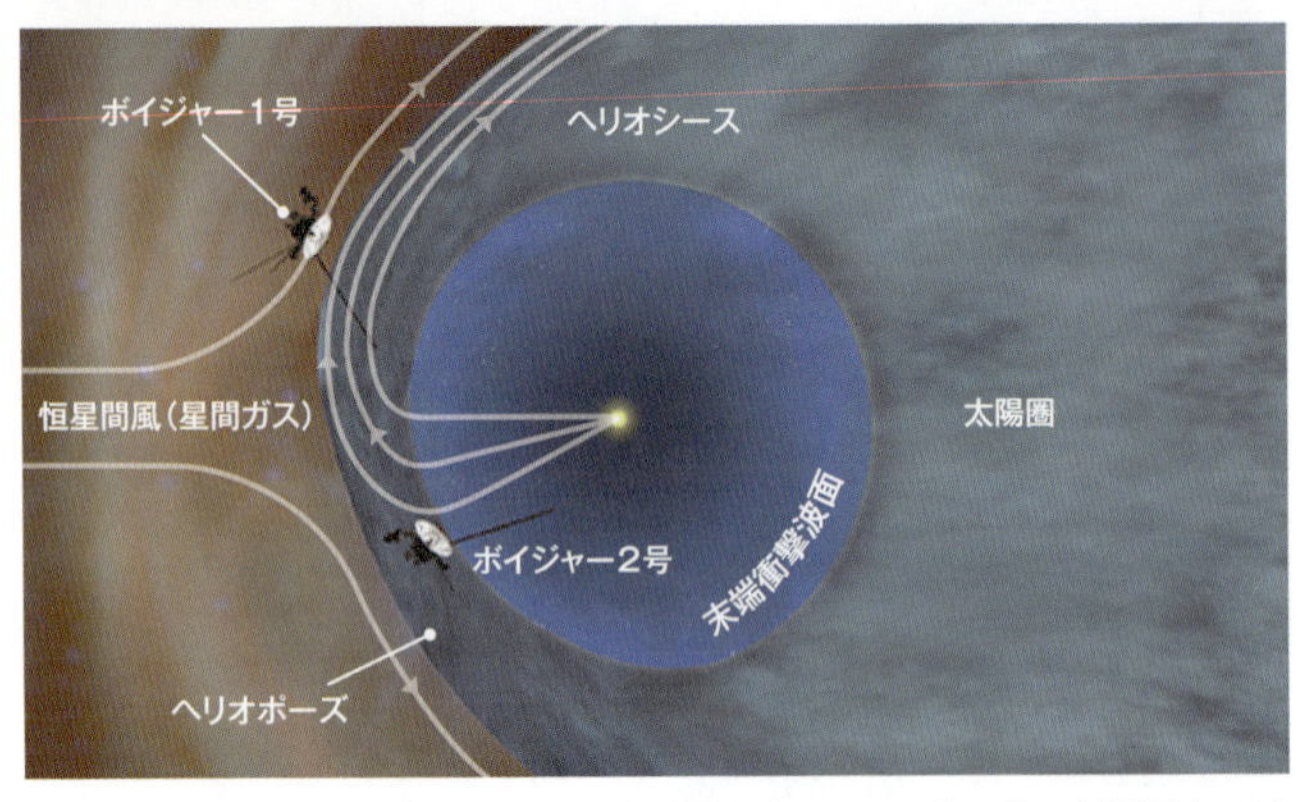

ボイジャー1号、2号の軌道を示すイメージ図。1号は2012年8月に太陽圏（ヘリオスフィア）を突破、初めて太陽圏を抜け、太陽系の外に出た。
©NASA/JPL-Caltech

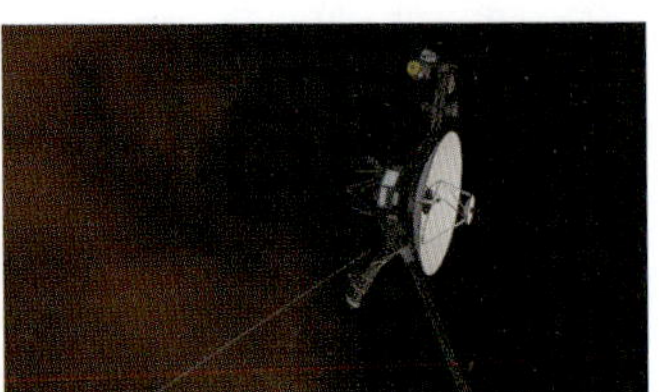

ボイジャー1号のイメージ。
©NASA/JPL-Caltech

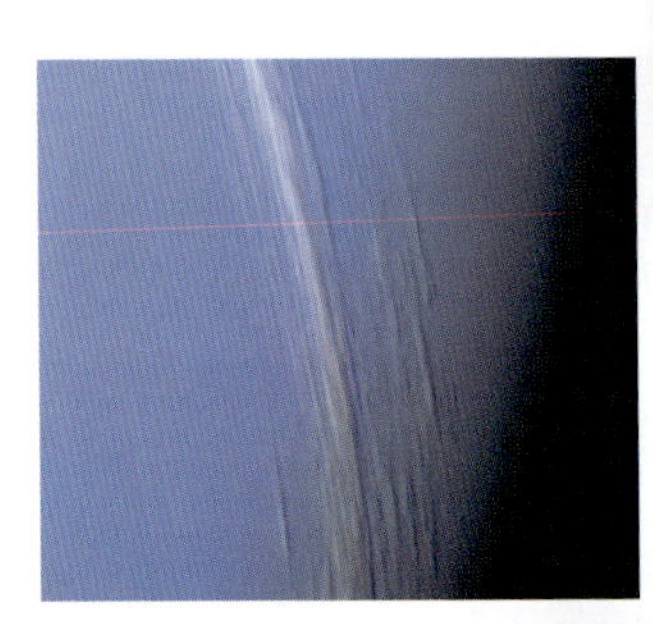

ボイジャー2号が可視光で撮影した海王星。メタンが凍ったものと考えられる雲が見える。
©NASA/JPL-Caltech

1979年3月5日、ボイジャー1号がとらえた木星の衛星イオ。表面（左上）からはプルームが噴き上がっている。これにより、それまで「死んだ木星の月」と思われていたイオに、火山活動があることが判明した。イオまでの距離、約49万㎞地点から撮影。
©NASA/JPL

ボイジャー１号が撮影した木星の表面の画像。右上が大赤斑、その周囲には強い乱気流による縞模様が生じている。赤い部分が高温、白い部分は低温領域になっている。
©NASA/JPL-Caltech

ボイジャー2号がとらえた木星の衛星エウロパ。表面は厚さ3km超の氷で覆われ、その下には液体の水（海）が広がっていると考えられている。表面各所に見える裂け目（写真、赤茶色の線）からは水蒸気が噴き出している。裂け目は潮汐力によって開閉している。
©Voyager Project,JPL,NASA

ボイジャー２号が撮影した天王星の表面。
©NASA/JPL

ボイジャー1号、2号はどこへいく!?

ＮＡＳＡの惑星探査機「ボイジャー」1号、2号は、１９７７年、ケープカナベラル空軍基地から打ち上げられた。打ち上げ日は、2号が8月20日、1号はその2週間後の9月5日であった。探査のターゲットは、木星以遠の惑星や衛星の観測で、1号のほうが遅く打ち上げられたものの途中で2号を追い抜き、先に木星へと到達した。

木星、土星、天王星、海王星に初接近した探査機ボイジャーは、未観測だった惑星の表面や環の詳細なようす、衛星などについて貴重な発見をもたらした。現在も航行中で、2号はぼうえんきょう座の方向、地球から約１６０億㎞付近、1号はへびつかい座の方向、地球から約１９５億㎞付近（２０１４年12月１日時点）を飛行している。

両機は、直径３・７ｍの大きな通信アンテナを備え、定期的にデータを地球に送っている。そのデータをカリフォルニア、スペイン、オーストラリアの3カ所のアンテナで受信し、現在位置を特定している。宇宙開発初期に打ち上げられながらも、長期間の宇宙航行を可能にしているのは、動力である3個の原子力電池だ。電力供給量は当初の半分程度となったが、想定寿命を大幅に上回っている。また、当初は11種類の観測装置を稼働させていたが、余分な使用電力消費を抑えるため、搭載された3台のコンピュータによって電源が制御され、現在は半数程度の装置しか動いていないことも長寿の秘訣である。

また、ボイジャー両機に取りつけられた「金のレコードディスク」には、地球上の雨や雷などの自然音、鳥やカエルなどの動物の鳴き声、55種の民族言語による挨拶などが録音され、地球外知的生命体や未来の人類に向けたメッセージになっている。

ボイジャーは、その果てなき旅路こそが偉業でもある。

太陽から放出される荷電粒子の流れを太陽風と呼び、その影響がおよぶ範囲を太陽圏（ヘリオスフィア）という。また、太陽系の外側は星間ガス（恒星間風）で満たされている星間空間が広がり、太陽系のはずれには、この星間ガスが吹き込んでいる。

2010年12月、ボイジャー1号の周囲を流れる太陽風の速度がゼロになった。これは、同機が太陽圏界面へ到達したことを意味している。1号はすでに太陽圏を脱出し星間空間の航行に入ったわけだが、2号も3～5年以内には太陽圏を抜け出す予定だ。

もっと知りたい宇宙 vol.1

美星スペースガードセンター。左のドーム内に口径1mのスペースガード望遠鏡が、右のルーフ内に口径50㎝と25㎝のスペースガード望遠鏡が入っている。
©日本スペースガード協会

地球を守るスペースガードとは？

太陽系の火星軌道と木星軌道のあいだにある小惑星帯には小惑星が多数存在し、79万3860天体の軌道がわかっている。このうち地球軌道付近にやってくる「地球接近小惑星」は11944天体。さらに、地球へ0.05天文単位（748万㎞）よりも近づき、直径150mより大きなものを「潜在的に危険な小惑星」といい、その総数は1533天体。少なく思うかもしれないが、全体の90％が未発見である。2013年、ロシアのチェリャビンスク隕石のように、いつ自然災害をもたらすかわからない。小惑星衝突は、6550万年前に恐竜などの生命の大量絶滅を起こしたような最大級の自然災害になる可能性もある。このような小惑星衝突から地球を守るには、衝突前に発見し、軌道を決めることが重要だ。衝突時刻と場所が正確に決められ、衝突回避や被害状況を予測し、被害を最小限にできるからである。こうした小惑星衝突から地球を守る活動をスペースガードといい、日本では、日本スペースガード協会が岡山県にある美星スペースガードセンターでスペースガードの観測に日々取り組んでいる。

※小惑星の数は、2015年1月3日現在のもの。

第3章

天の川銀河——直径10万光年の輝き

ミスティックマウンテンと呼ばれるエータ・カリーナ星雲の一部（りゅうこつ座、6500光年）

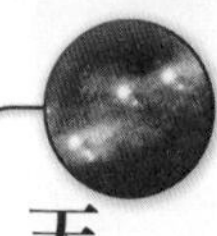

天の川銀河はどんな構造になっている？

わたしたちの太陽系がある天の川銀河（銀河系）は、直径10万光年の広がりをもつ約3000億個という星の大集団だ。かつては渦巻銀河（172ページ）と考えられていたが、今では棒渦巻銀河とされている。

天の川銀河の構造を簡単にいうと、中心にふくらんだ部分の「バルジ」があり、バルジから突き出た棒状の尖端より2本の「腕（スパイラルアーム）」が渦を巻き、円盤状の「ディスク（銀河円盤）」を形成している。そして、球状星団などの古い星が分布する「ハロー」が、バルジやディスクを球状に取り囲んでいる。

バルジは、直径1万5000光年ほどのふくらみで、いて座の方向に中心部があり、中心核は、星が非常に密集していて濃いチリで覆われているため、光学望遠鏡で観測するのは難しい。そのなかには「いて座A*（エースター）」と呼ばれる、太陽質量の400万倍もある電波源が見つかっている。また、いて座A*には、巨大なブラックホールが存在する

DATA
天の川銀河のデータ

星座：
いて座

直径：
約10万光年

厚さ：
約15000光年
(中心部)

恒星の数：
3000億個

[オリオンの腕]
[ペルセウスの腕]
[バルジ（中心部）]
バルジ中心には、巨大なブラックホールがあると考えられている。
[星間物質]
腕と腕のあいだはチリやガスで満ちている。水素ガスもごくわずかながら存在する。
[いて座の腕]
[ディスク（円盤部）]
バルジを中心にして運動をしている。
[スパイラルアーム（渦巻腕）]
渦を巻いているように見える腕の前面で水素密度が高く、星が形成される。

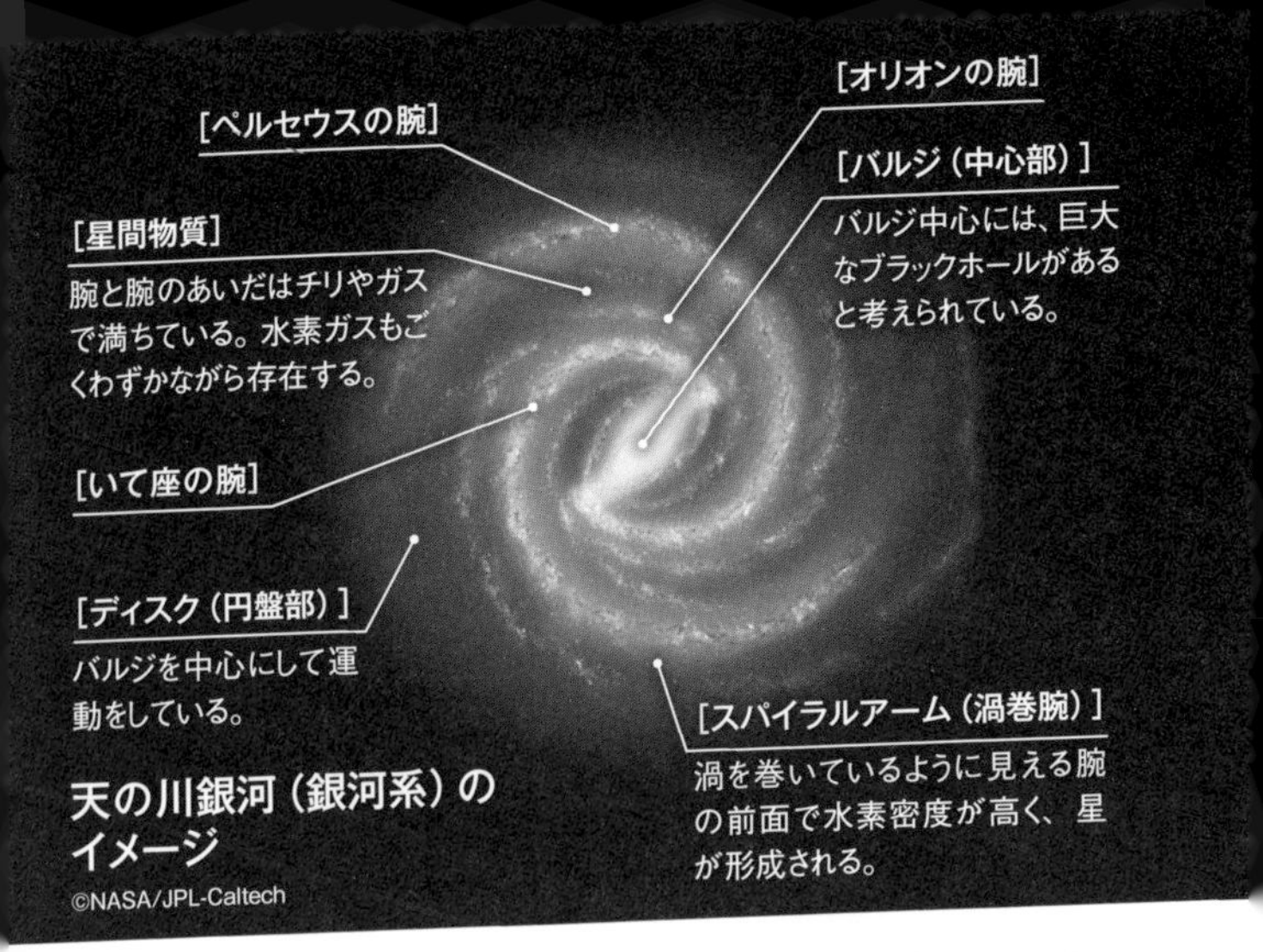

天の川銀河（銀河系）のイメージ

©NASA/JPL-Caltech

のではないかと考えられている。

太陽系は、天の川銀河の中心から約3万光年にあり、中心から伸びる「いて座腕」と「ペルセウス腕」のあいだの局所星間雲である「オリオン腕」内側の縁に位置している。そして1週間（7日間）で1天文単位の速度で銀河系の周りを移動して、約2億3000万年で1回転（公転）している。太陽は、誕生してから46億年経っており、20回銀河系を巡っていることになる。

このような銀河の腕の回転速度は、中心から周辺部にいくほど減速すると予想されるが、観測すると内と外で大きく変わらない。このことから銀河回転には、目に見えないダークマター（暗黒物質）が存在していると考えられている。

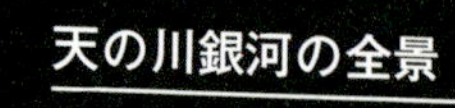

天の川銀河の全景

ESO（ヨーロッパ南天天文台）のプロジェクト「ギガギャラクシー・ズーム」の一環として撮影された、天の川銀河面の360度パノラマ画像。

©ESO/S.Brunier

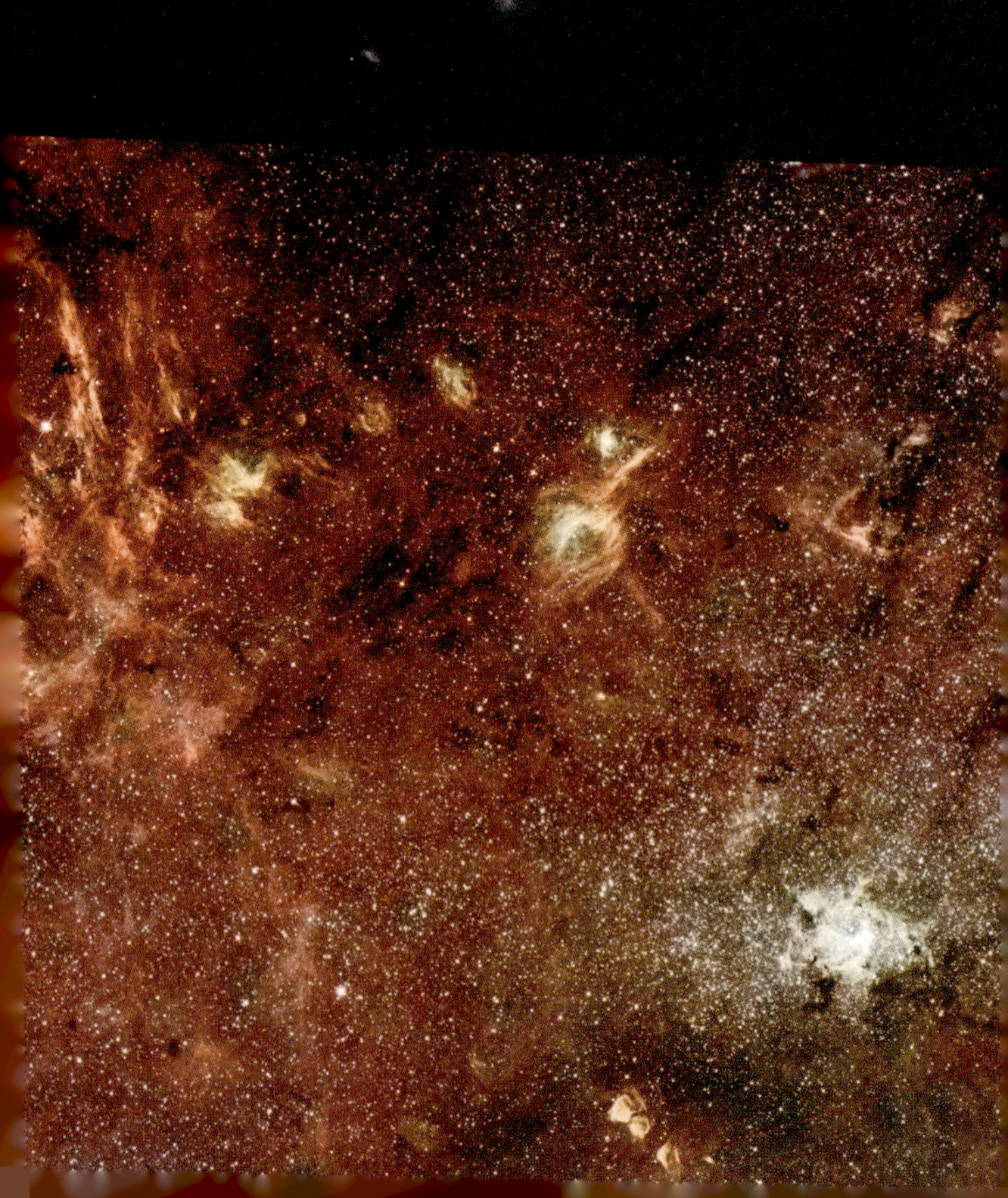

天の川銀河の中心付近

[いて座/2万6000光年]

太陽系から約2万6000光年先にある天の川銀河の中心部。光り輝く恒星、ガスやチリが広がっているなか、右下で白く光っているのは、重たい恒星が集まった領域（銀河中心クラスター）。その中心には太陽の400万倍もの質量をもつ巨大ブラックホールがある。画像はハッブル宇宙望遠鏡とスピッツァー宇宙望遠鏡のデータを合成したもの。

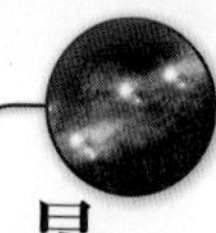

星雲とはどのような天体なのか？

もともと星雲とは、星空にぼんやりと雲のように見える天体のことをいい、星間ガスの集まりであるオリオン大星雲、天の川銀河の外にあるアンドロメダ銀河なども星雲と呼んでいた。

しかし現在では、天の川銀河の内側にあり、ガスやチリなどの星間物質が重力によって集まってできた天体を星雲と呼んでいる。そして星雲は、見え方や構造の違いなどによって、散光（さんこう）星雲、暗黒星雲、惑星状星雲、超新星爆発の残骸に分類される。

散光星雲は、比較的広い範囲に不規則な形をして広がっているガスやチリが、可視光で明るく輝いて見える星雲だ。ここでは新しい星が続々と誕生しており、「星の揺りかご」とも呼ばれている。また、散光星雲には反射星雲と輝線（きせん）星雲（発光星雲）がある。

このうち反射星雲は、プレアデス星団を包む青い星雲のように、みずから光るのではなく、星間物質が恒星の光を反射して光っているもの。

いっぽうの輝線星雲は、星雲の中心部にある若い星が放出する紫外線によってガスが電離し、発光している星雲で、北アメリカ星（ＮＧＣ ７０００）などがある。多くの散光星雲には、オリオン大星雲（Ｍ42）、干潟（ひがた）星雲（Ｍ８）などのように、反射星雲や暗黒星雲が混在している。

暗黒星雲は周囲よりもガスやチリの密度が高く、恒星などからの光が吸収されてしまい、自身は漆黒の雲のように浮かび上がって見える。南十字星の左下に見えるコールサック、オリオン座の三ツ星近くにある馬頭星雲などがある。

最期を迎えた小さな星は、星を構成していた水素ガスを重力で支えられず、ガスは周囲へ広がっていく。結果、星の中心には、核融合によってつくられたヘリウムの芯が、高温高圧のまま白色矮星として残される。この白色矮星から放出される紫外線によって、広がっていく水素ガスが電離され、「輝線」として輝いているのが惑星状星雲だ。惑星状星雲には、こと座の環状星雲（Ｍ57）、こぎつね座の亜鈴状星雲（Ｍ27）、りゅう座のキャッツアイ星雲（ＮＧＣ ６５４３）などがある。また、大きな星の最終段階で起こる超新星爆発の残骸、かに星雲（Ｍ１）なども星雲状に見える。

オリオン大星雲 M42

［オリオン座／1600光年］

オリオン大星雲（M42）はオリオン座の「三ツ星」の南、小三ツ星の真ん中にある散光星雲で、活発な星形成領域として知られる。写真は、3000もの星がきらめくトラペジウムと呼ばれる中心部をクローズアップしている。画面中央付近の黄色い場所には、誕生したばかりの星が隠れており、右下の緑部分は水素と硫黄のガス、左上の赤っぽい部分は炭素を多く含む分子の集合だ。

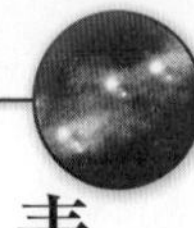

表面温度による星のハーバード分類

星のスペクトルを調べると、星の化学組成や表面温度、運動などの物理情報がわかる。科学が進化し、天体のスペクトル観測が本格的に行われるようになったのは、20世紀になってからのこと。その先陣を切ったのがアメリカ・ハーバード大学天文台、エドワード・ピッカリングが率いる研究チームだった。

この研究グループは、スペクトルのパターンを単純なものからアルファベット順にA、B、F、G……と分類していた。ところがその後、研究チームに加わった女性天文学者のアニー・キャノンは、恒星のスペクトルが化学組成のほかに表面温度でも決まることを発見する。それを受けて「O―B―A―F―G―K―M」と、O型星（表面温度が5万℃の高温度星）からM型星（表面温度3000℃の低温度星）まで温度順に並べかえ、「ハーバード分類」と呼ばれ星のスペクトル分類が完成した。

それぞれのスペクトル型は、各々さらに細かく0から9まで10段階に分かれている。また、表面温度とスペクトル型が同じでも、星の大きさが異なれば表面重力が違うため、大気密度に差が生じる。そこで、大きいほうからⅠ（超巨星）としてv（主系列星）まで５段階に分類している（これを光度階級という）。

このように星は、スペクトル型と光度階級を使った二次元分類で示される。たとえば太陽は、表面温度６０００℃のＧ型、光度階級はv型なのでG_2vとなる。

現在では、Ｍ型星、つまり３０００℃よりも低温の星が見つかっており、表面温度が２０００℃から１３００℃ほどの天体（褐色矮星）をＬ型星、３００〜１０００℃くらいの天体（同）をＴ型星、さらに低温の天体をＹ型星と、スペクトル型を増やしている。

星のスペクトル分類ができるたことで、星を統計的に記述することが可能になった。そこで、ヘルツスプリングとラッセルのふたりが、それぞれ独立して、横軸をハーバードのスペクトル分類、縦軸を星の絶対等級としたグラフに星をプロットした。これがＨＲ図である。

ＨＲ図には、主系列星、セファイド変光星、赤色巨星、白色矮星などに分かれて星が分布していた。そこには星の質量分布とともに、星の一生が描き出されている。

エータ・カリーナ星雲の一部

［りゅうこつ座/6500光年］

エータ・カリーナ星雲にある、全長3光年という柱部分のクローズアップ。恒星からの激しい放射や恒星風によって柱が削られ、その内部では星が生まれている。柱の頂点からはガスとチリが流れ出ている。見えないが、そのなかには誕生間もない星がある。

おうし座HL星

［おうし座/450光年］

誕生から約100万年という若い恒星、おうし座HL星。恒星の周りには、チリでできた円盤が幾重にも広がっている。円盤の大きさは太陽系のおよそ3倍。円盤には少なくとも3本の黒い線（すき間）がある。すき間は、チリが集まって惑星が形成されていくため、公転軌道に沿ってチリが減った領域である。アルマ望遠鏡が、世界で初めて若い恒星の周りで惑星が形成する瞬間をとらえた画像だ。

モンキー星雲の一部
［オリオン座／6400光年］

2014年3月、ハッブルの打ち上げ24周年を記念してNASAが公開したNGC 2174、通称モンキー星雲の一部をとらえた写真。モンキー星雲はオリオン座のなかにある星形成領域である。

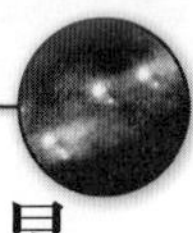

星はどうやって生まれるのか?

星は、宇宙空間にあるガス（星間ガス、成分はおもに水素）やチリがとくに多く集まった分子雲や暗黒星雲のなかで誕生する。恒星が次々と生まれる、このような宇宙にある領域を「星形成領域」という。

星間ガスに濃い部分と薄い部分ができると、濃い部分を中心にガス自体の重力によって収縮が始まる。ガスの密度が非常に高くなっている部分を高密度分子雲コアといい、その中心のもっとも濃い部分が星の直接的な母体になっていく。

収縮したガスは、渦を巻いてさらに密度が高くなり、回転速度を速めて周りにガスとチリの回転円盤をつくる。この回転円盤は原始惑星系円盤と呼ばれている。

やがて回転円盤の中心では、上下にガスとチリのジェット（ガスとチリの流れ）が吹き出し、中心部分は非常に高温・高圧の状態になり、中心部の温度が上がって輝き始める。これが、「原始星」と呼ばれる星の原型が誕生した瞬間だ。この段階の原始星は、周囲が濃いガスに包まれているので観測するのは非常に難しい。また、気体などが収縮すると、重力エネルギーが解放されて熱を出す。原始星はこの熱によって光っているだけで、太陽などの恒星のように水素の核融合反応によって輝いているわけではない。

このあと、原始星はゆっくりと収縮を続け、内部温度はさらに上がっていく。そして、原始星が重力のエネルギーによって輝き始めてからおよそ1000万年が経つと、中心部の温度は1000万℃以上に達し、水素がヘリウムに変わる核融合反応が起こる。この核融合エネルギーによって原始星は「星」として輝き始める。星が誕生した瞬間だ。このとき、上下方向に吹き出していたジェットや回転円盤のガスは消えている。

生まれたばかりの星の周囲には、同じ分子雲で生まれた星が集まって散開星団を形成している。たとえば、プレアデス星団（M45）、プレセペ星団（M44）などである。

星が密集している散開星団ほど若い星の集まりで、銀河を公転しているうちに、次第に攪乱して、星同士は離れていってしまう。その結果、10億年ほど経った頃には、散開星団の姿は失われると考えられている。太陽は誕生から46億年経っているが、いっしょに生まれたであろう星の姿は、近傍に見当たらない。

散開星団ピスミス24

[さそり座/6000光年]

散光星雲 NGC 6357の中心にある、小さな散開星団ピスミス24。左端、中央付近でもっとも明るく見える星はピスミス24-1と呼ばれ、そこでは、ふたつの星が互いの周りを回っている。各星の質量は、太陽の100倍程度と見られている。

ハービッグ・ハロー天体とは？

ハービッグ・ハロー天体は、星が誕生している領域の周辺にしばしば見られる、細長い淡い星雲のような天体で、ＨＨ天体とも呼ばれている。

生まれたばかりの星からは、両極から秒速数１００㎞という高速のジェット（双極分子流）が噴き出している。噴き出したジェットは周辺の星間物質（ガス雲）に衝突し、その際に強い衝撃波が発生する。この衝撃波によって輝いているのがハービッグ・ハロー天体だ。また、ひとつの原始星の自転軸に沿って、複数のハービッグ・ハロー天体が存在していることも多い。

ハービッグ・ハロー天体は、それ以前から観測されていたが、詳細な研究が始まったのは１９５０年代初め。アメリカのジョージ・ハービッグとメキシコのギイェルモ・アロというふたりの天文学者が、それぞれに研究を進めたのが最初である。両者の名前をとってハービッグ・ハロー天体と命名された。

ふたりがそろって最初に見つけたハービッグ・ハロー天体は、オリオン座の方向、地球から1500光年離れたところにあるHH1とHH2だ。これらは同じ原始星のジェットによってできたハービッグ・ハロー天体である。天体自体は19世紀末に見つかっていたが、当初は、星間ガス雲が生まれたばかりの星から放射される紫外線によって輝いている、輝線星雲だと考えられていた。しかし、ハービッグとアロはこの天体のスペクトルを詳細に分析した結果、反射星雲や輝線星雲ではなく原始星から放出された物質によってできたものであることを明らかにした。

観測技術の発達によって、最近では発見されるハービッグ・ハロー天体の数が増え、2014年までに1000を超えている。しかしそれでも天の川銀河に存在するハービッグ・ハロー天体の総数に比べると、ごく一部にすぎないとみられている。

ハービッグ・ハロー天体は、原始星が進化するなかでの一時的な現象であり、長くても数千年しか存在しないと考えられている。ハッブル宇宙望遠鏡などの観測によって、多くのハービッグ・ハロー天体の運動がわかってきており、早いものでは数年単位で形が変化していることが確認されている。

HH 110

［オリオン座／1500光年］

生まれたばかりの若い星から吹き出した高温のガスが、周辺の星間物質（水素などのガス雲）に衝突して青色に輝いている。

HH 30

[おうし座/450光年]

ハッブル宇宙望遠鏡が撮影した、うっすらと緑色に輝くHH 30。オレンジ色のすじは恒星（見えないが中心にあるはずの星）から噴き出すジェット。

HH 32

[わし座/950光年]

ハッブル宇宙望遠鏡がとらえたHH 32。もっとも明るいハービッグ・ハロー天体のひとつとして知られる。

輝く星々に必ず訪れる最期の瞬間

夜空に輝く星々は、一生の大部分を主系列星（69ページ）の状態ですごすが、やがては最期がやってくる。星の中心部（核）では、核融合反応によって水素からヘリウムが合成されるため、中心にはヘリウムが蓄積されていく。すると、水素の核融合が起こる場所は、中心から外側の温度が低い領域へ移っていく。星は、中心部の温度を上げて核融合の効率を上げるために収縮する。ところが、中心部の温度が上がりすぎると膨張を始める。セルフコントロールつきの核融合炉ともいえるが、この状態は不安定な状態である。星は、収縮と膨張を繰り返し、脈動しながら膨張して外層温度は下がっていき、赤い赤色巨星となる。さそり座のアンタレスやオリオン座のベテルギウスなどは、どちらも最期が間近に迫った年老いた星だ。赤色巨星になった星がどんな終わり方をするかは、その星の質量で決まってくる。大質量の星ほど、核融合反応が激しく進行するため寿命は短い。

太陽質量の8倍以下の星では、核融合で合成されたヘリウムの芯でも核融合を起こし、星の内部の2箇所で核融合が進行する不安定な状態になる。そして、芯のヘリウムが核融合の暴走（ヘリウムフラッシュ）を起こし、縮退して星自身の水素ガスを重力で支えられなくなる。ガスは宇宙空間に広がっていき惑星状星雲となり、やがて中心には高温のヘリウムの芯が白色矮星として残る。

太陽質量の8倍ほどの星では、炭素の核融合反応が始まるが、すぐに暴走して超新星爆発（148ページ）を起こす。

太陽質量の8～40倍ある星では、炭素の核融合により合成された、より重い元素が次々に核融合を起こして、鉄までの元素が合成される。星の内部はこれらの物質でタマネギのような構造になっている。最後に鉄がつくられたとき、鉄は非常に安定した物質なのでそれ以上核融合反応が進まなくなって星は不安定になり、ガンマ線を吸収して鉄はヘリウムと中性子に光分解し、爆縮して重力エネルギーを解放して超新星爆発が起こる。このとき中心には、中性子星ができる。

また、太陽質量の40倍以上ある大質量星も超新星爆発を起こす。あとには、重力崩壊して極限まで収縮し、光さえ脱出できないブラックホール（156ページ）ができる。

かに星雲

［おうし座／6500光年］

1054年におうし座の「左の角」の先端付近で起こった超新星爆発の残骸 M1（NGC1952）、通称「かに星雲」。星雲全体が「かにの足」のように見えることからこう命名された。中心には中性子星があり、ここから規則正しい周期で電波が出ていることから「かにパルサー」と呼ばれている。なお、この超新星爆発は約1カ月も輝き続け、日本でも藤原定家の『明月記』に記載されている。

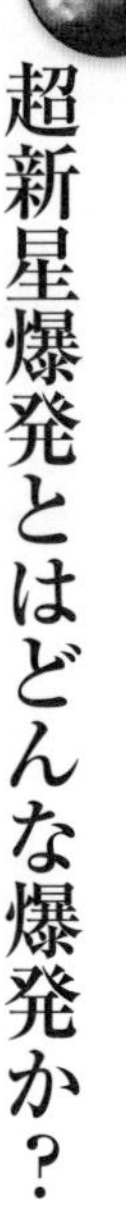

超新星爆発とはどんな爆発か？

超新星爆発とは、太陽の8倍以上の質量をもつ星が、進化の最終段階で大爆発し、終焉を迎える現象である。それなのに「新星」と呼ばれるのは、星空に突然新しい星が出現したように明るく見えるためだ。

超新星は、ふつう数日から2週間くらい非常に明るく輝き、その後だんだんと暗くなっていき、2カ月から1年くらいで見えなくなってしまう。

古代から超新星の観測記録と思われるものは、世界各地に残されている。『新古今和歌集』や百人一首の選者として知られる鎌倉時代の歌人・藤原定家は、日記『明月記』に、伝聞として超新星について書き残している。その超新星は1054年、おうし座の方向、地球から約6000光年離れたところで起こったもので、そのあとには超新星の残骸であるかに星雲（146ページ）が観測されている。

超新星爆発は、わたしたちの天の川銀河内では、1604年にへびつかい座に現れて以来（ケプラーの超新星）、観測されていない。いっぽう、天の川銀河の伴銀河である大マゼラン銀河では、1987年2月に超新星（SN 1987A）が出現した。その際に放出されたニュートリノが、岐阜県神岡鉱山にある東京大学の宇宙線研究所の施設「カミオカンデ」で検出されている。

超新星爆発は、スペクトルに水素の吸収線が見られないI型と水素の吸収線があるII型に分けられる。I型のうちIa（ワン・エー）型と呼ばれる超新星爆発は、赤色巨星と白色矮星の連星系で起こる。

そのメカニズムは、赤色巨星の外層大気が白色矮星へ流れ込み、白色矮星の質量が太陽質量の1・4倍を超えると、中心部の圧力と温度が上がって炭素の核融合反応が起こる。その結果、白色矮星が超新星爆発を起こすというもの。なお、Ia型超新星爆発の最大の明るさは一定なので、光度変化から、その天体までの距離を正確に求めることができる。

いっぽう、II型に分類される超新星爆発は、太陽質量の数10倍ある大質量星が一気に崩壊することで起こる。なお、超新星爆発が起きたときには、大量に放出される中性子や陽子を捕獲して、鉄よりも重たいすべての元素が生成される。

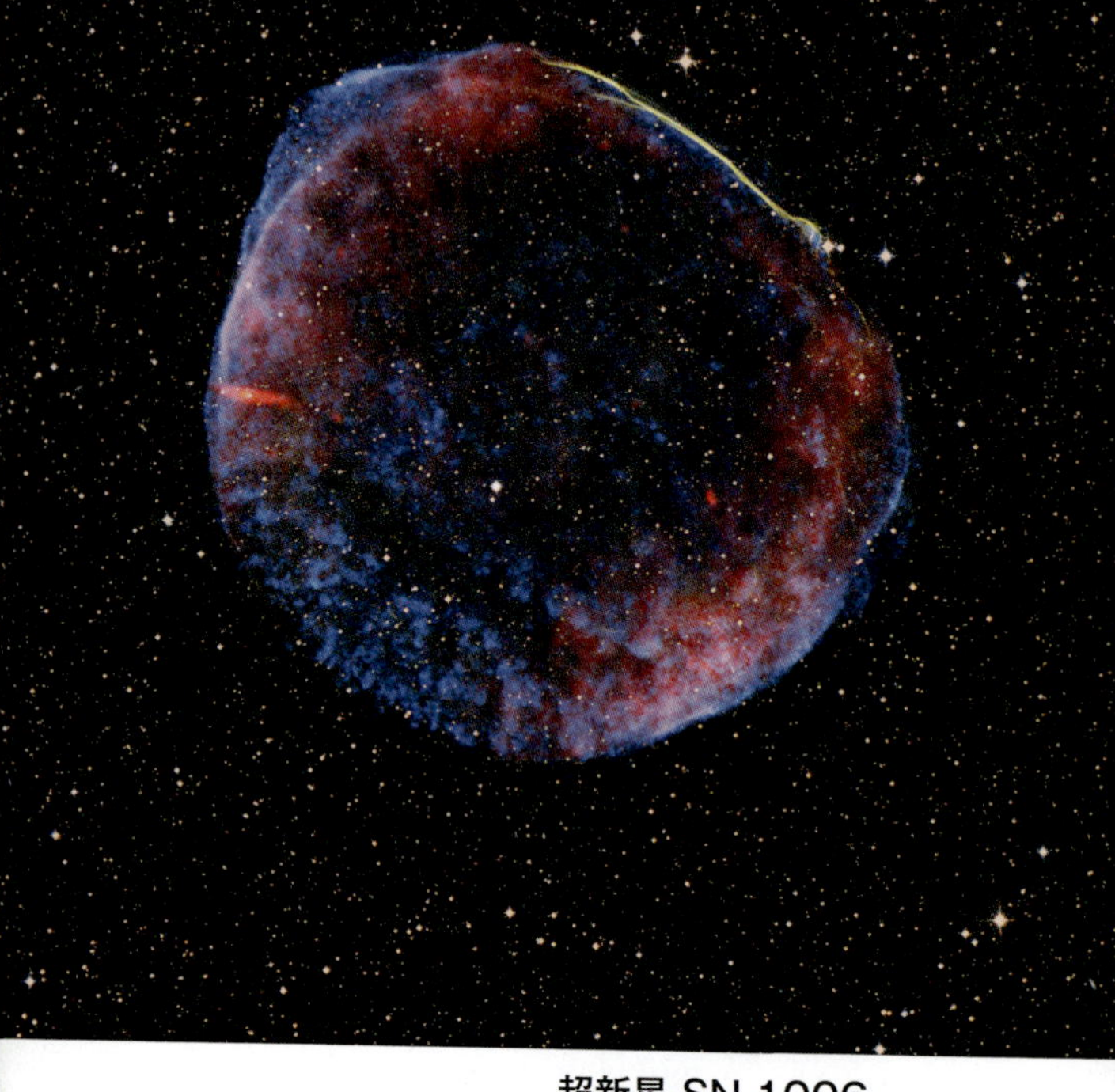

超新星 SN 1006

［おおかみ座／6800光年］

1006年3月1日、おおかみ座に現れた超新星 SN 1006の現在の姿。セロ・トロロ汎米天文台（チリ）にて撮影。

白色矮星 シリウスB

［おおいぬ座／8光年］

連星系をなすシリウス。中央がシリウスAで、その左下に小さく見えるのが白色矮星のシリウスB。シリウスBは、地球ほどのサイズだが質量は太陽と同じで、星の核融合でつくられたヘリウムの芯が輝いている。

キャッツアイ星雲 NGC 6543

［りゅう座 /3000光年］

ハッブル宇宙望遠鏡がとらえた惑星状星雲 NGC 6543、通称キャッツアイ星雲。

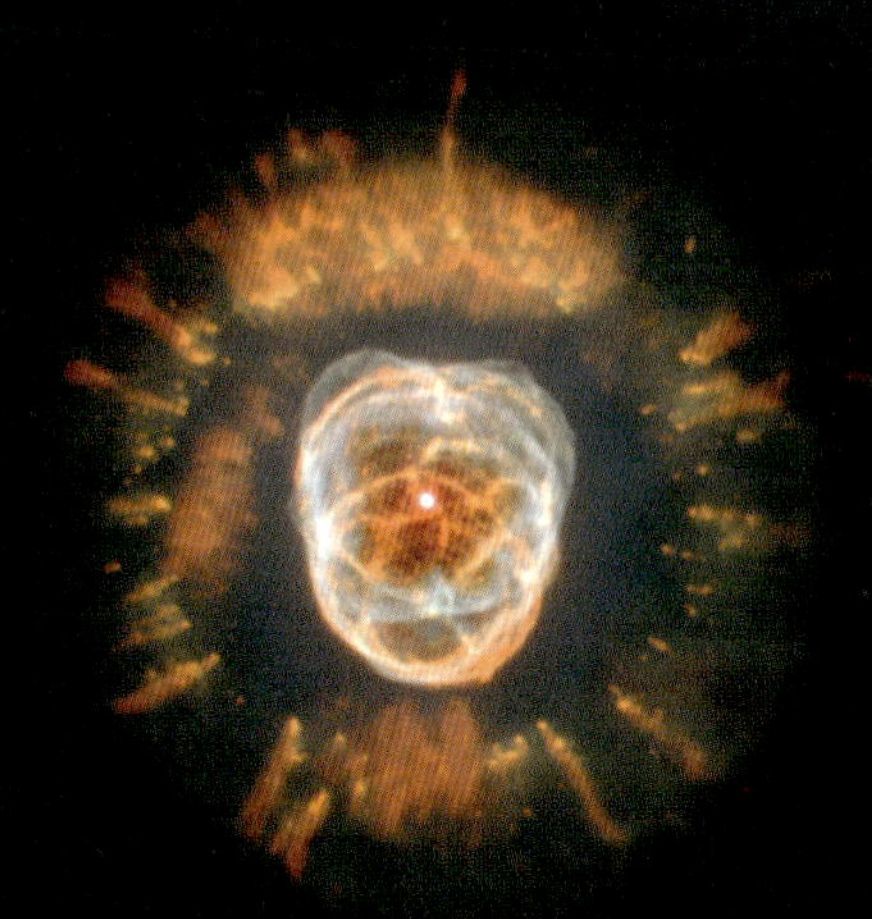

エスキモー星雲 NGC 9392

［ふたご座 /3000光年］

ハッブル宇宙望遠鏡が撮影した惑星状星雲のNGC 9392、通称エスキモー星雲。1999年11月から使用不能に陥っていたハッブルが、同年12月の修理ミッションを経て、翌年1月24日、修理後のファーストショットとして公開した画像。

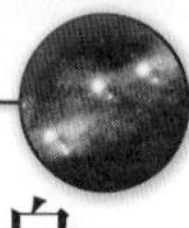

白色矮星や中性子星ってどんな星？

太陽質量の8倍以下の小〜中規模星は、外側のガスが流れ出し続け、最後には星の中心核が白色矮星となって残る。白色矮星の質量は太陽くらいあるが、大きさは太陽の100分の1と地球サイズしかない。いうまでもなく密度は高く、1㎤の重さは1トンにもなる。白色矮星は、電子の縮退圧と呼ばれる力で支えられた星なのだ。

1844年、ドイツの天文学者ベッセルは、おおいぬ座のシリウスの固有運動を観測していた。そして、シリウスが約50年周期でふらついていることから、近くに別の星があり、公転運動しているのではないかと考えた。1861年、伴星のシリウスBが発見される。シリウスA（α星）の実視等級はマイナス1・6等星で、シリウスB（伴星）は9等星。実視等級の差は約10等あり、明るさには1万倍の違いがある。これほどシリウスBが暗いのは、大きさがきわめて小さいためだ。いっぽうで、シリウスAの質量は太陽の2・1倍、シリウスBは1・1倍と質量差はわずか。つまり、シリウスBは、主星の100分の1の大きさで、ふつうの星よりも極端に小さくて高温の白色矮星だった。

白色矮星は、縮退圧で支えられているので圧力が温度に依存せず、温度が下がっても圧力は維持され、最終的には温度が下がり暗くなる。また、白色矮星の質量は、太陽質量の1・4倍の「チャンドラセーカールの限界質量」以上には大きくなれない。

太陽質量の8〜40倍の大規模星は、超新星爆発して中心核が中性子星になる。中性子星の質量は太陽くらいだが、大きさは10㎞ほどしかなく、超高密度なので電子の縮退圧では支えられず、星全体が原子核（フェルミ粒子）の中性子の塊になっていて、中性子の縮退圧で支えられた星である。ただし、中性子星の質量には上限があり、太陽質量の約3倍を超えると、中心の密度が特異点（無限大）に達しブラックホールとなる。

1967年、ケンブリッジ大学のジョセリン・ベルは、周期が1・3373秒で規則的なパルスを出す電波源を発見。これは、磁場をもつ中性子星の高速自転によるもので、自転軸と磁場の軸のズレによって生じていた。なお、1054年に超新星爆発した「かに星雲」の中性子星のパルスは0・0033秒。時間とともに運動エネルギーを失い、自転速度が減速することでパルスの周期が長くなっているのが観測されている。

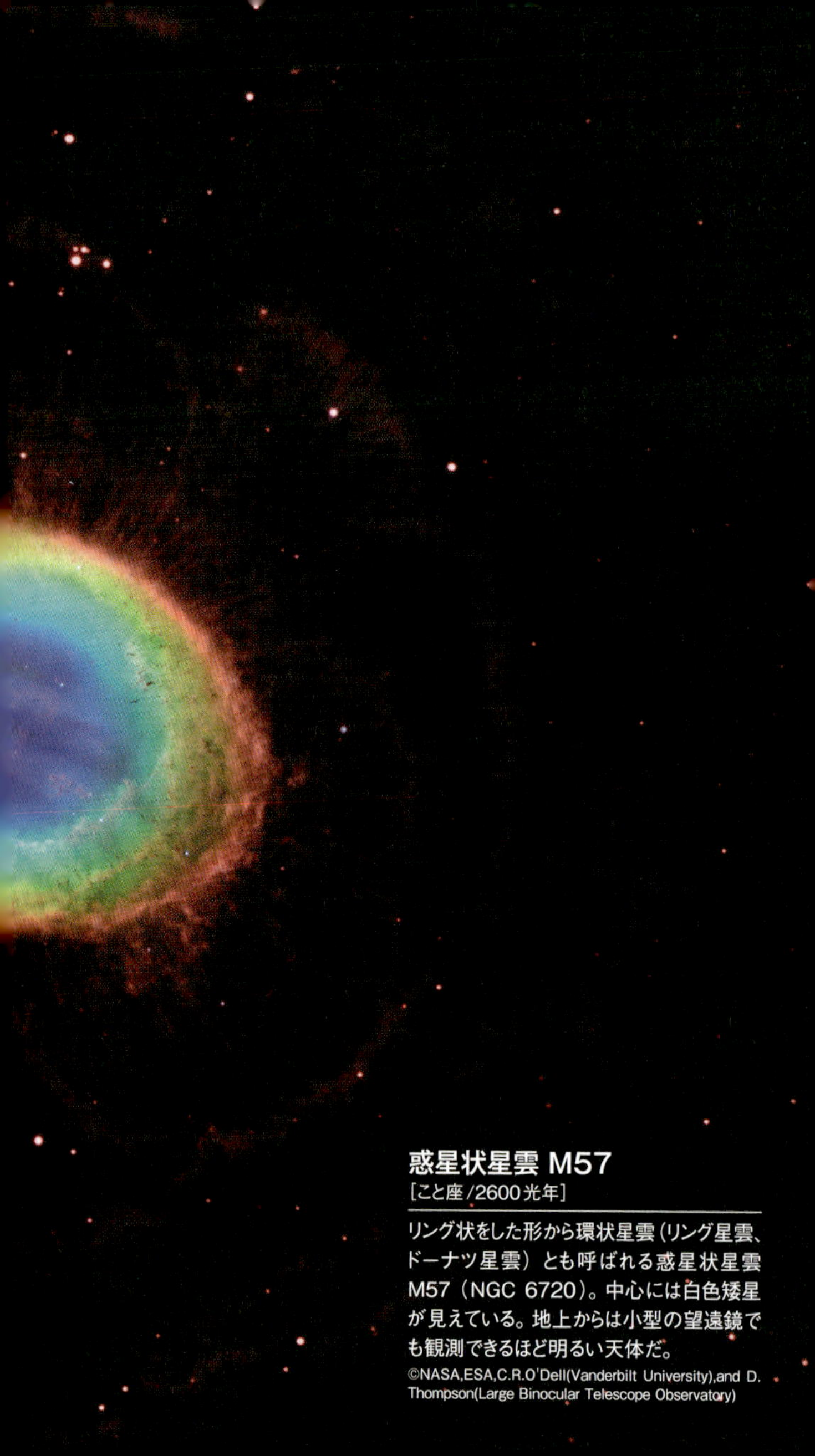

惑星状星雲 M57

［こと座／2600光年］

リング状をした形から環状星雲（リング星雲、ドーナツ星雲）とも呼ばれる惑星状星雲M57（NGC 6720）。中心には白色矮星が見えている。地上からは小型の望遠鏡でも観測できるほど明るい天体だ。

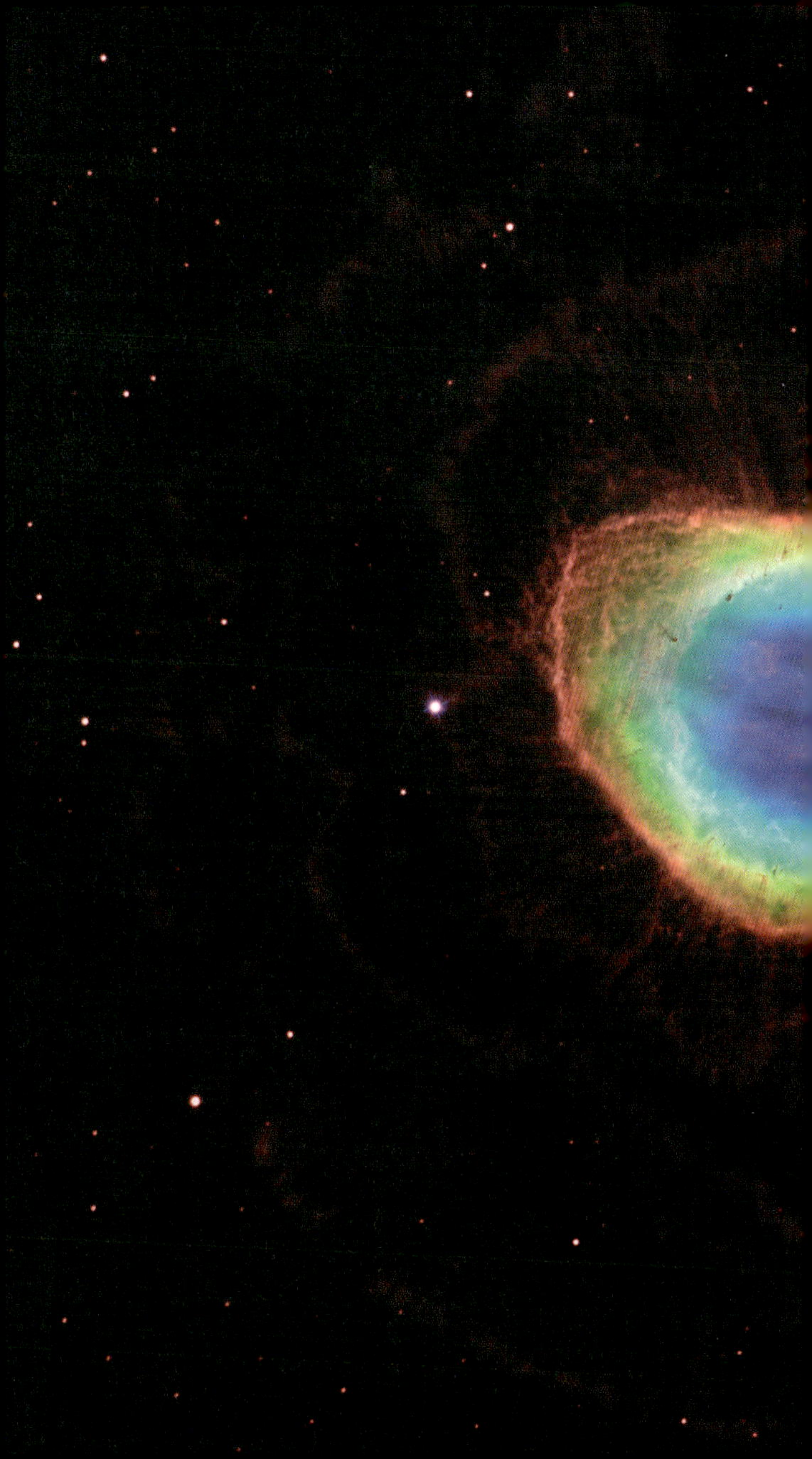

ブラックホールとは何者なのか?

太陽の40倍以上もの大きな質量をもつ星は、その最期、急激に収縮して崩壊（重力崩壊）し超新星爆発を起こす。そのあとにはブラックホールが残ると考えられている。

１９１６年、ドイツの天文学者カール・シュバルツシルトは、アインシュタインの「一般相対性理論」を解くと、強い重力場から、ある半径までは脱出速度が光速を超える領域が存在することに気づいた。この半径をシュバルツシルト半径といい、このなかからは光でさえも脱出できない。

また、１９３９年にアメリカの物理学者ロバート・オッペンハイマーは、「大質量の星が重力崩壊を起こすと収縮に歯止めがきかず、どこまでもつぶれていく。その結果、光さえ脱出できない天体が誕生する」と発表した。これをブラックホールと呼んだのは、アメリカの物理学者ジョン・ホイーラーである。

最初に有力なブラックホール候補天体とされたのは、地球から約６０００光年離れたところにある「はくちょう座X―1」だ。

ブラックホールを直接観測することはできないが、1971年に発見されたこの天体は、太陽の約10倍の質量をもち、近くにある超巨星のガスを吸い込んでいて降着円盤を形成していた。そして、この円盤から放射される強いX線の観測によって、存在が明らかになったのだ。

ブラックホールの存在を示唆する密度と重力が無限大になる重力の特異点は、大質量星の超新星爆発以外にも存在する。それはたとえば、活動銀河の中心核である。

活動銀河とは、中心から強力な光や電波、X線などを放射している銀河のことで、強い電波を出す電波銀河、小さく明るい中心核をもつセイファート銀河、爆発的に星が生まれているスターバースト銀河、宇宙のはるか遠くですさまじいエネルギーを放っているクエーサー（178ページ）などである。

そして、これら活動銀河の中心には、質量が太陽の数百万倍から数億倍もある「超大質量ブラックホール」が存在していると考えられているのだ。なお現在では、活動銀河以外のほとんどの銀河の中心にブラックホールがあると考えられている。

NASAのX線天文衛星チャンドラがとらえたCygnus X-1。
©NASA/CXC/SAO

連星系をなすCygnus X-1（はくちょう座X-1）のイメージ。ブラックホール（左）が、もういっぽうの恒星（右）のガスを吸い込み、自身の周りを高速で回転する円盤を形成している。また、渦と垂直方向にビームを放出している。
©NASA/CXC/M.Weiss

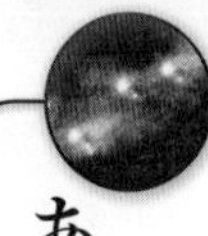

あるはずなのに見えないダークマター

ダークマターが存在する可能性は、渦巻銀河の回転速度の観測からもたらされた。

銀河にある星は、ディスクの内側ほど数が多いため、銀河の内側になるほど星を引っ張る重力が強くなる。このとき、強い重力と釣り合って回転するためには、それとは逆向きの強い遠心力が必要だ。よって、内側の星ほど回転速度は速くなるはずである。

ところが、実際に観測してみると、そうではなかった。中心から遠く離れた部分でも回転速度は遅くならず、中心の腕と外側の腕はほぼ同じ速度で、減速していないのだ。

こうなると、星の数が少ない銀河の外側（腕の部分）にも、目に見えない質量をもった何らかの物質があると考えなければ、つじつまが合わない。この目には見えない、いわば暗黒の物質が「ダークマター」と呼ばれることになった。

またダークマターは、銀河などの重力でつくられる重力レンズ効果（180ページ）からも、その存在が指摘された。

宇宙には、銀河が泡の膜の上に集まっているような「泡構造」や、壁のように銀河が集中している「グレートウォール」と呼ばれる大規模構造（192ページ）がある。この構造は、宇宙が誕生して間もない頃、わずかにあったエネルギーのゆらぎによって重力が強くなったところにダークマターが集まり、さらに、そのダークマターの重力によって物質が集まって銀河が偏りをもってできたもの、と考えられている。

2013年3月に発表されたESAの観測衛星「プランク」の観測結果によれば、宇宙全体を構成している物質やエネルギーのうち、陽子や中性子など目に見える物質は全体の4・9％にすぎず、ダークマターはその5倍以上の26・8％を占めているという（残りはダークエネルギー、208ページ参照）。

宇宙にこれほど多く存在しながら、はっきりと姿を見せてくれないダークマター。現在、その正体としては、銀河に存在する小質量の星（MACHO）、ニュートラリーノやアクシオンといった未発見の素粒子、原始ブラックホールなどが挙げられているが、まだくわしいことはよくわかっていない。

北アメリカ星雲とペリカン星雲

［はくちょう座／2000光年］

はくちょう座のデネブ付近、100光年の広がりをもつ水素ガスからなる散光星雲。太陽系とのあいだにある暗黒物質が星雲の光を吸収して、北アメリカのような形状に見えることから命名された。

地球外生命体はいるのだろうか？

太陽系が属する天の川銀河には、約3000億もの星が存在する。全宇宙ならさらに多くの星があるので、地球だけにしか生命が存在しないというのは考えにくい。地球外生命はきっと存在するはずだ。そもそも、ひと口に「生命」といっても、微生物から人類のような知的生命体に至るまで、さまざまである。

太陽系にも、微生物が存在しているかもしれない天体がいくつかある。火星はそのひとつで、かつて火星の表面には大量の水が存在したことを示す証拠がいくつも見つかっている。現在もNASAの探査車キュリオシティが火星表面で地質などの調査を行っており、近い将来、生命の痕跡が見つかるかもしれない。

火星以外では木星の衛星ガニメデやエウロパ、土星の衛星タイタンやエンケラドスが挙げられる。ガニメデやエウロパの表面は氷でおおわれており、とくにエウロパの氷の下には海がある可能性がある。海底に火山があれば、その環境は原始地球と似ており、生命が誕生していても不思議ではない。

土星の最大の衛星タイタンには窒素の厚い雲があり、表面にはメタンやエタンの湖が存在することがわかっている。エンケラドスには、氷の結晶が火山のように噴出する噴出口がある。もしその下に海があれば、微生物が存在するかもしれない。

近年、太陽系の外にある惑星（系外惑星）が多数発見されている。なかには地球のように岩石でできた惑星で、液体の水が存在し得る領域である「ハビタブルゾーン」にある惑星も見つかっている。将来、これらの惑星に生命の証拠が見つかるかもしれない。

いっぽう、人類が知的生命体と遭遇する可能性は高いとはいえない。現在高度な文明をもつ宇宙人からの電波をキャッチしようとする地球外知的生命探査（ＳＥＴＩ）が行われているが、ある星の知的生命が、ほかの星の知的生命と電波で交信できるようなテクノロジーをもつに至ったとしても、その文明をどのくらい長く維持できるかが問題だ。どんな知的生命でも小惑星衝突や天変地異、環境問題、エネルギー問題、戦争などで滅亡してしまう可能性がある。将来、地球人が宇宙人と出会えるかどうかは、これから先、人類がどれだけ長く地球の環境を守り、文明を維持していけるかにかかっているのかもしれない。

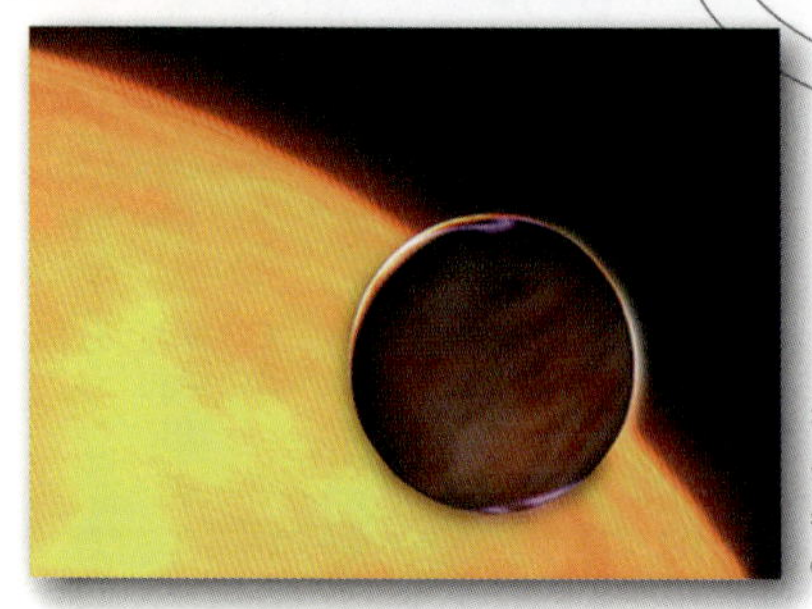

1995年、最初に発見されたペガスス座51番星の系外惑星、ペガスス座51番星bのイメージ。
©NASA,ESA and G.Bacon(STScl)

太陽系外惑星とは？

太陽系外惑星（以下、系外惑星）とは、太陽系の外側にあって、恒星の周りを公転している惑星だ。初めて観測されたのは1995年と、わずか20年前のことである。最初に見つかったのは、地球から約50光年遠方にあるペガスス座51番星b。それまで科学者は、系外惑星も太陽系と同様、中心星の近くを地球型の岩石惑星が回り、少し離れたところをガス惑星が回っていると考えていた。しかし、ペガスス座51番星bはガス惑星。しかも中心星からたったの700万㎞地点を4.2日で公転していた。常識外れの惑星だったために、なかなか見つからなかったのである。

ペガスス座51番星bを見つけたドップラー法のほか、トランジット法や重力レンズ法など、観測方法も進展し、系外惑星はすでに1700個以上（2014年夏時点）も見つかっている。

また、木星級の質量をもち表面温度が超高温な巨大ガス惑星「ホットジュピター」、地球よりも少し大きい地球型惑星「スーパーアース」、極端な楕円軌道をもつ「エキセントリックプラネット」など、多種多様であることがわかっている。

第4章

10万〜60億光年かなたにある銀河

わたしたちの天の川銀河などとともに局部銀河群を構成する渦巻銀河のアンドロメダ銀河（M31、NGC224）。

大マゼラン銀河と小マゼラン銀河

大マゼラン銀河と小マゼラン銀河は、天の南極近くにちぎれた雲（星雲）のように見える星の大集団だ。オーストラリアやニュージーランドなど南半球では1年を通して見えるが、北半球に位置する日本では見ることができない。16世紀初頭、世界初の世界一周の航海を成し遂げたポルトガルの探検家マゼランが「南天には天の川を挟んで雲のように輝くふたつの大きな星雲がある」と記したことから、これらはマゼラン雲とも呼ばれた。ただし、マゼラン雲はガス雲ではなく、あくまでも天の川銀河にもっとも近い「銀河」だ。

地球と大マゼラン銀河は約16万光年、小マゼラン銀河とは約20万光年の距離がある。ふたつの銀河は、互いの周りを回る「連銀河」だと考えられている。また、大小マゼラン銀河は、天の川銀河の伴銀河（より大きな銀河の周りを回る衛星銀河）で、天の川銀河とともに重力で結びついて三重銀河をなしている。大小マゼラン銀河からは、ひも状の水素ガスの流れが伸びており、それは「マゼラニック・ストリーム（マゼラン流）」と呼ばれる。

マゼラニック・ストリームは、マゼラン雲が天の川銀河の周りを回るうちに、周辺部のガスが天の川銀河の重力によって引きずり出されてできたものと考えられている。

大マゼラン銀河はかじき座にあり、直径約2万5000〜3万光年と天の川銀河の4分の1ほどの大きさだ。ここには比較的若い星が多く、明るく青みがかって見える。大マゼラン銀河にあるかじき座30番星という天体は、数千万年にわたって活発に星が生まれている星の集団で、ハッブル宇宙望遠鏡の観測によって、小さな星団が大きな星団に衝突、合体しているようすが撮影されている。また、1987年2月には、タランチュラ星雲の近くで超新星（SN1987A）が出現した。これは1604年以降に観測されたものでは、もっとも地球近くに現れた超新星で、この超新星爆発で放出されたニュートリノが神岡鉱山に建設されていた素粒子実験施設「カミオカンデ」によって偶発的に検出された。SN1987Aの超新星残骸は、現在も刻々と姿を変えるようすが観測されている。

いっぽうの小マゼラン銀河は、きょしちょう座に属しており、大きさは直径約1万〜1万5000光年と、天の川銀河の6分の1ほど。銀河内の「N81」と呼ばれる領域では、ガス雲のなかで誕生したばかりの若い星が、いくつも輝いている。

タランチュラ星雲
[かじき座 / 16万光年]

地球（南半球）から肉眼でも見える大マゼラン銀河のなかにある、活発な星形成領域「タランチュラ星雲」の一部をハッブル宇宙望遠鏡がとらえた画像。画面中央の上にあるのが若い星の集団RMC 136、画面の下隅には超新星爆発した星が含まれる散開星団のホッジ301がある。

大きく5つに分類される銀河

ハッブルの法則（176ページ）で有名なアメリカの天文学者エドウィン・ハッブルは、ウィルソン山天文台の口径2・5mの望遠鏡を使って系外銀河の写真撮影に取り組んでいた。1926年、彼はバルジやディスクの外観的な形から、銀河を楕円銀河、渦巻銀河、棒渦巻銀河、レンズ状銀河、どれにも当てはまらない不規則銀河の5種類に分類した。さらにハッブルは、銀河はレンズ状銀河を経て渦巻銀河と棒渦巻銀河に分かれて進化すると考え、「ハッブルの音叉図」と呼ばれる図を表した。銀河の進化に関するハッブルの考察は否定されているが、彼が行った銀河の分類は現在の分類法の基本となっている。

楕円銀河はバルジとディスクの区別がなく、楕円形に見える銀河のこと。ハッブル分類では楕円の扁平率によってE0～E7まで8種あり、数字が大きくなるほど扁平率が高く平らな形になっていく。楕円銀河はまた、年老いた星で構成されていて、星の材料であるガスが失われ、星形成が行われなくなった銀河だとも考えられている。

渦巻銀河はバルジとディスクからなり、バルジに明るい渦巻構造をもっており、渦状腕では新しい星が盛んに生まれている。渦巻銀河の代表としては、アンドロメダ銀河がよく知られている。ハッブル分類ではS（スパイラル）と表記され、渦巻が閉じたものから開いていくにしたがいSa、Sab、Sb、Sbc、Sc、Scd……と細かく分類されている。

棒渦巻銀河は、渦巻銀河の中心部が棒状になっている銀河で、棒の両端から腕が出て渦を巻いている。ハッブル分類ではSB（スパイラル・バー）と表され、渦巻き銀河と同じように渦状椀の形によってSBa、SBab、SBb、SBbc……と細かく分類される。

レンズ状銀河は、平べったいレンズのような形をした銀河で、バルジとディスクは認められるが、渦巻銀河のようなバルジから螺旋状に伸びる渦巻構造（渦状腕）をもたない。楕円銀河と渦巻銀河の中間の形態だと考えられている。また、この銀河は、ハッブル分類ではSOと表記され、バルジを貫く棒構造をもつものはSBO、もたないものはSAOに分類される。

前出4種類の銀河のどれにも当てはまらないのが不規則銀河（Ir）で、明確な構造をもっていない。また、水素ガスの量が多く、多くの新しい星が誕生している。

子持ち銀河 M51 [りょうけん座/3200万光年]

ハッブル宇宙望遠鏡が撮影した渦巻銀河 M51。小さな銀河（写真下）をともなっていることから、子持ち銀河とも呼ばれている。ピンクや赤色に見える領域では、新しい星が続々と生まれている。

ステファンの5つ子［ペガスス座／3900万〜3億光年］

ペガスス座にある5つの銀河が密集したヒクソン・コンパクト銀河群92、通称「ステファンの五つ子」。左上がNGC7317、右上がNGC 7320、右下がNGC 7319、真ん中付近ではNGC 7318A（左）とNGC 7318B（右）が衝突している。NGC 7320は地球から約3900万光年、ほかは約3億光年に位置する。

レンズ状銀河 NGC 5866［アンドロメダ座／3億光年］

レンズ状銀河は渦状腕をもたない。銀河の中心面に沿って暗黒帯（ダークレーン）と呼ばれる細くて黒い領域があり、そこでは星が誕生している。

膨張する宇宙と後退速度

アインシュタインは、1916年に「一般相対性理論」を発表。翌17年には、その理論を宇宙に応用した重力場の方程式、いわゆる「アインシュタイン方程式」を導き出した。このとき、宇宙は静的なものと考えていたアインシュタインは、宇宙が重力でつぶれないようにするため、方程式に、重力に反発する力である「宇宙項（Λ＝ラムダ）」をつけ加えていた。

1922年、ロシアの物理学者フリードマンは、アインシュタイン方程式を宇宙項なしで解き、宇宙が膨張する解があることをフリードマン方程式で示した。宇宙は、無限膨張（双曲面）、無限時間に膨張が止まる（平面）、膨張してやがて収縮する（曲面）の3つの解が存在するが、このとき、宇宙がどの解に対応しているかはわからなかった。

アインシュタインは、フリードマンの解を認めなかったが、1929年、ウィルソン山天文台で観測を行っていたエドウィン・ハッブルが、宇宙が膨張していることを観測結果からつかんだ。遠方にある銀河ほど、地球から速い速度で遠ざかっていたのである。1930年にアインシュタインはウィルソン山天文台を訪れ、ハッブルが撮影した銀河の写真を見て、すべての銀河が遠ざかっていることを確認し、静止した宇宙モデルを捨てざるを得なくなった。のちに彼は、宇宙項の導入を「生涯最大のあやまち」と語っている。

ハッブルの発見は「天体が遠ざかる速度（後退速度）と距離が比例する」というもので、この関係を「ハッブルの法則」と呼ぶ。式で表せば、次のようになる。

$v=H_0d$（H_0はハッブル定数と呼ばれる比例定数）

H_0の値は、2014年現在、観測によって67・15±0・12（km/s/Mpc）とされている。なお、単位に出てくるMpcはメガパーセクと読み、1Mpcは約326万光年。ハッブルの法則はつまり、天体が326万光年離れるごとに、後退速度は秒速67・15±0・12kmずつ速くなっていることを表している。また、宇宙は時間をさかのぼるほど銀河間の距離は近く、小さかったことを意味しており、宇宙は過去のある時点で、ひとつの点に収束することになる。この法則は、宇宙がビッグバン（200ページ）によって誕生したこと、そして宇宙の大きさと宇宙の年齢を示している。

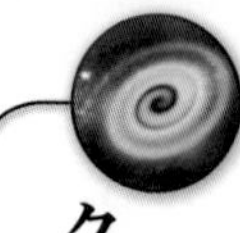

クエーサーとは何か？

クエーサーは、宇宙の遠く離れたところで、一般的な銀河の100倍ものエネルギーを放出しながら非常に明るく、恒星状に輝いて見える天体である。

この天体は、もともと1950年代から強い電波の発生源として知られていた。60年代になって、ひとつの恒星のような点光源に見え、スペクトルが非常に大きく赤方偏移※している天体が観測された。この天体は、準星（quasi-stellar object）と命名され、頭文字をとってQSO、すなわちクエーサーと呼ばれるようになったのである。

当初は正体がわからなかったクエーサーだったが、最近の観測から、その膨大なエネルギー源は、活動銀河核の中心にある巨大なブラックホールと見られている。

活動銀河核とは、非常に明るく輝いたり高速のジェットを噴き出したりして激しく活動している銀河中心部をいい、そこには太陽の約10億倍もの質量をもつブラックホールがあると考えられている。

クエーサー3C 273

［おとめ座/124億光年］

史上初めて観測されたクエーサーで、発見されたクエーサーでは全天でもっとも明るく地球にもっとも近い。

©ESA/Hubble & NASA

ガスやチリは高速で回転しながらブラックホールに落ち込んでいくが、そのときの相互作用で熱せられ、高温になり、シンクロトロン放射する。シンクロトロン放射熱スペクトルはベキ型スペクトルを示す。これがクエーサーの輝きの源だ。

このクエーサーは、地球から数10億〜100億光年以上離れたところにある。宇宙では遠くは過去を意味するので、クエーサーは初期の宇宙に存在した天体ということになる。

現在、クエーサーは多くの銀河が形成され、進化を始めた頃のごく短い時期の姿だと考えられており、クエーサーを調べることで、宇宙初期の情報を得られるのではないかと期待されている。

※赤方偏移……銀河から届く光のスペクトル線が、ドップラー効果によって全体的に赤い（波長の長い）ほうにずれる現象。遠い銀河ほど後退速度が速いため、赤方偏移も大きくなる。

銀河がつくる重力レンズ効果

アインシュタインの一般相対性理論によれば、重力とは空間の歪みであり、質量をもつ物体の周りの空間は、その重力によって歪んでいるという。そうであれば、非常に強い重力をもつ物体があったとき、その近くを光が通過すると、空間の歪みに沿って光が曲がっているように見えるはずだ。事実、宇宙空間では、恒星や銀河団など巨大な重力をもつ天体が、より遠くの天体の光を曲げるレンズのようなはたらきをして、もとの天体が10倍～100倍以上も拡大されて明るくなったり、形が歪んだり、いくつかの像になって見えることがある。このような現象を「重力レンズ効果」という。

銀河がつくる重力レンズが最初に発見されたのは、1979年のこと。きっかけは「双子のクエーサー」の発見だった。

おおぐま座にあるふたつ並んだQ0957+561AおよびBというクエーサー（双子のクエーサー）のスペクトルと赤方偏移を調べたところ、どちらも91億年前の宇宙に存在

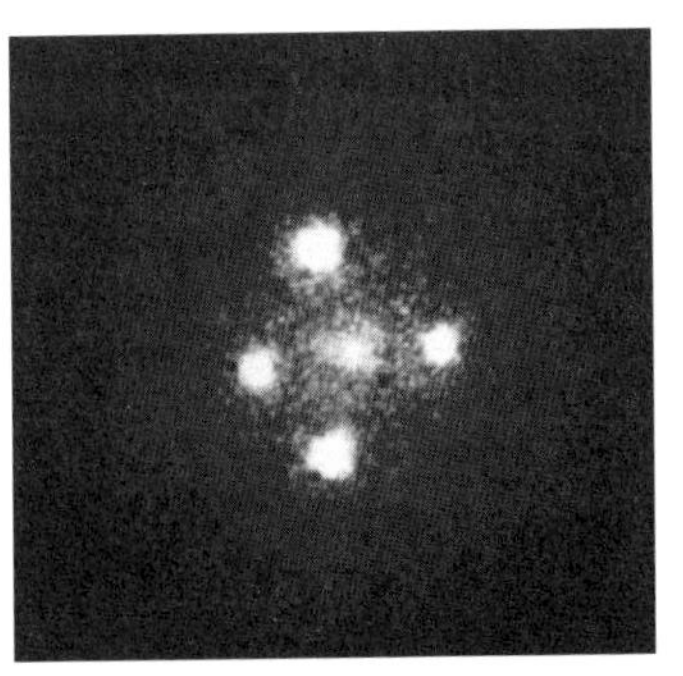

アインシュタインの十字架(ペガスス座/80億光年)。画面中央、中心にある楕円銀河[Y88]Gと、この銀河の重力レンズ効果によって4方向に見えているクエーサーQSO 2237+0305をとらえている。

する同じクエーサーであった。地球と双子のクエーサーのあいだには巨大銀河があり、双子のクエーサーは、もともとひとつのクエーサーから出た光が、途中にある銀河がつくる「重力レンズ」によって曲げられ、ふたつに見えていたのだ。

以後、重力レンズ効果による多重クエーサーは100例以上も発見されている。

なかでも、1985年に発見されたクエーサーQSO2237+0305は特徴的だ。これは、中央にある星が巨大銀河で、周りの星(クエーサー)はひとつなのに、中央の銀河の重力によって光が曲げられ4つに分かれて見える。このクエーサーは「アインシュタインの十字架(アインシュタイン・クロス)」と呼ばれている。また、巨大銀河団Abell 1689のように、うしろの天体が輪のように見えることがある。これは「アインシュタイン・リング」と呼ばれる。

巨大銀河団 Abell1689

［おとめ座 /22億光年］

ハッブル宇宙望遠鏡がとらえた、Abell1689の中心付近。2700以上の銀河と、それを取り巻くダークマターがもたらした重力で、遠くにある銀河がゆがみ引き伸ばされ、重力レンズ効果により円弧状に見えている。

銀河同士は衝突、合体する？

ハッブル宇宙望遠鏡などの観測で、銀河と銀河が衝突するダイナミックな描像が数多くとらえられている。いっぽうで、天の川銀河には約3000億個もの星が存在するが、こうした星同士が衝突することは考えにくい。というのも、太陽にもっとも近い星はケンタウルス座アルファ星だが、星同士の距離は約4・3光年もある。これは太陽の大きさ（直径約140万㎞）の約3000万倍も離れているからだ。

銀河はどうだろう。たとえば、天の川銀河の大きさ（直径）は10万光年ほど。隣にあるアンドロメダ銀河までの距離は約230万光年だから、ふたつの銀河の距離は、天の川銀河の大きさの約23倍しかない。銀河を取り巻くダークマター（160ページ）の存在も考えると、銀河同士の距離はもっと近いことになるので、隣り合う銀河同士は、強い重力で引き合っていることになる。

天の川銀河とアンドロメダ銀河は、互いの重力によって引き合い、時速約40万㎞ものスピードで接近中だ。計算では、約40億年後には衝突することになる。ふたつの銀河の動きを予測したコンピュータシミュレーションによれば、両者は衝突してからお互いの銀河のあいだをすり抜けて一度は離れ、その後再び衝突し、やがてはひとつになってしまう。そのときのようすを遠く離れたところから見られたなら、アンテナ銀河（187ページ）のような姿をしているかもしれない。

ふたつの銀河が衝突した場合、銀河のなかにあるガスが急激に圧縮されるため、激しいスターバースト（爆発的な星の形成）が起こり、クエーサー（178ページ）ができると考えられる。もしも、わたしたちの地球を含む太陽系が、このスターバースト領域の真っただ中にあったとすれば、地球の夜空は激しく輝く星で埋め尽くされることだろう。

しかし数千万年後、新しく生まれた巨大な星々が最期を迎えて超新星爆発（148ページ）を起こすため、その衝撃波や強い放射線が地球を襲い、生命の存在は難しくなる。そして数十億年後、合体した銀河はガスを使い果たしてしまって新しい星も生まれなくなり、古い星ばかりの楕円銀河になると考えられている。

衝突銀河 Arp87
［しし座／3億光年］

ふたつの銀河は力をおよぼし合っており、見た目にもNGC 3808（写真下）から伸びた腕が、伴銀河のNGC 3808Aに巻き付いているのがわかる。

アンテナ銀河
［からす座／6800万光年］

ハッブル宇宙望遠鏡が撮影したアンテナ銀河（触角銀河）。NGC4038とNGC4039というふたつの渦巻銀河が衝突してできた銀河で、互いの銀河中心部は融合しつつある。ピンク色は、衝突により爆発的に誕生した若い星々だ。

もっと知りたい宇宙
vol.3

1921年、ウィーンで講義中のアインシュタイン。

不世出の科学者アインシュタイン

20世紀でもっとも有名な物理学者といえば、アルベルト・アインシュタインではないだろうか。

彼の天才たる第一歩は、1905年の「どの慣性系から見ても光の速度は一定である（光速度不変の法則）」という「特殊相対性理論」の発表に始まった。翌1906年には、エネルギー法則「$E=mc^2$」を提唱。これは、「エネルギー（E）は質量（m）と等価である」ことを意味していた（cは真空中の光の速度）。アインシュタインは、この式と理論で一挙にその名を世界中に轟かせた。

さらに10年後の1916年、自身の「特殊相対性理論」とニュートン力学の矛盾を解決すべく発表したのが、「一般相対性理論」だ。これは慣性系にかぎらず、非慣性系（加速度系）でも成立し、重力を時空の幾何学（リーマン幾何学）で示した。質点があると空間は曲がり、光は歪んだ空間を測地線に沿って進む。光が曲がることは、皆既日食の観測で検証された。

これら一連の理論は、今でも、重力レンズ効果やブラックホールの特異点、ビッグバン、その他さまざまな理論に応用されている。

第5章

60億～138億光年かなたの深宇宙

120億光年かなたにある銀河も写るハッブル・ディープ・フィールドの一部。

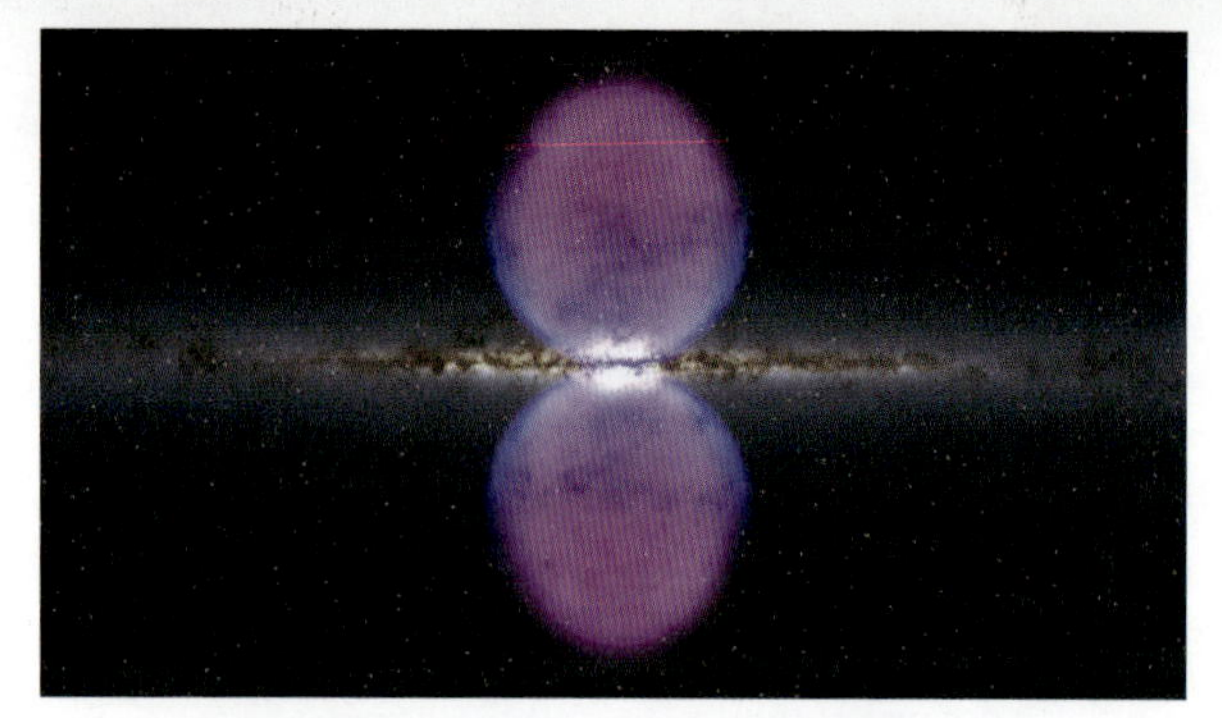

NASAのガンマ線天文衛星「フェルミ」が発見した、天の川銀河の中心から広がる巨大なふたつの泡構造のイメージ。泡構造は、銀河面から垂直に約5万光年の長さがある。紫色は、ガンマ線を放射している領域。青色はX線天文衛星レントゲン（ROSAT）がとらえた微少なX線放射で、ここが泡の境界と考えられている。

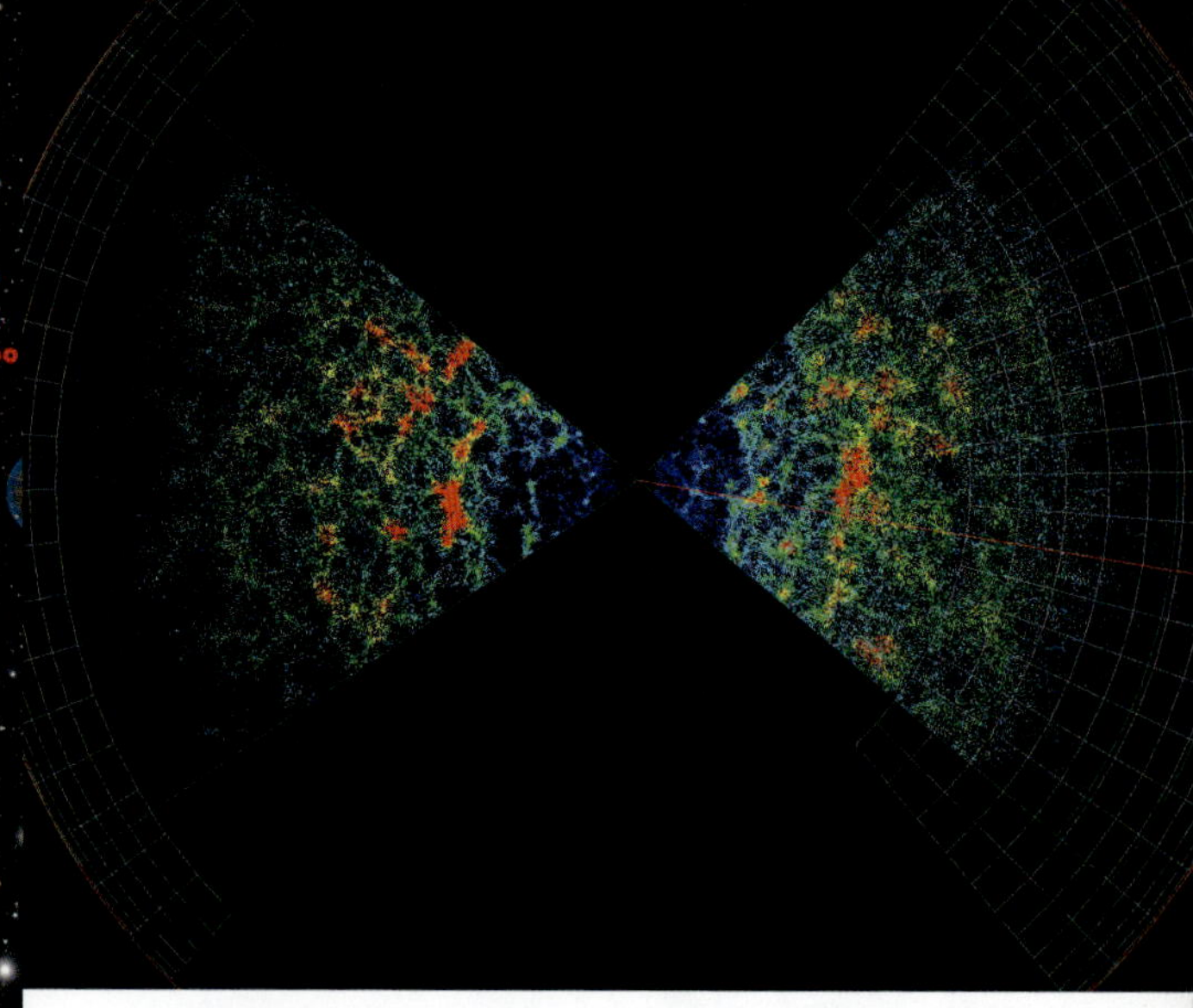

オーストラリアのアングロ・オーストラリアン天文台による宇宙の大規模構造を示すデータ。扇形の中心にある銀河系からの距離に応じ、遠い銀河ほど扇形の外側に示されている。銀河が密集した領域は赤色、少ない場所は青色、まったくない場所は黒色で、それぞれが複雑にからみ合い、宇宙が一様でないのがわかる。

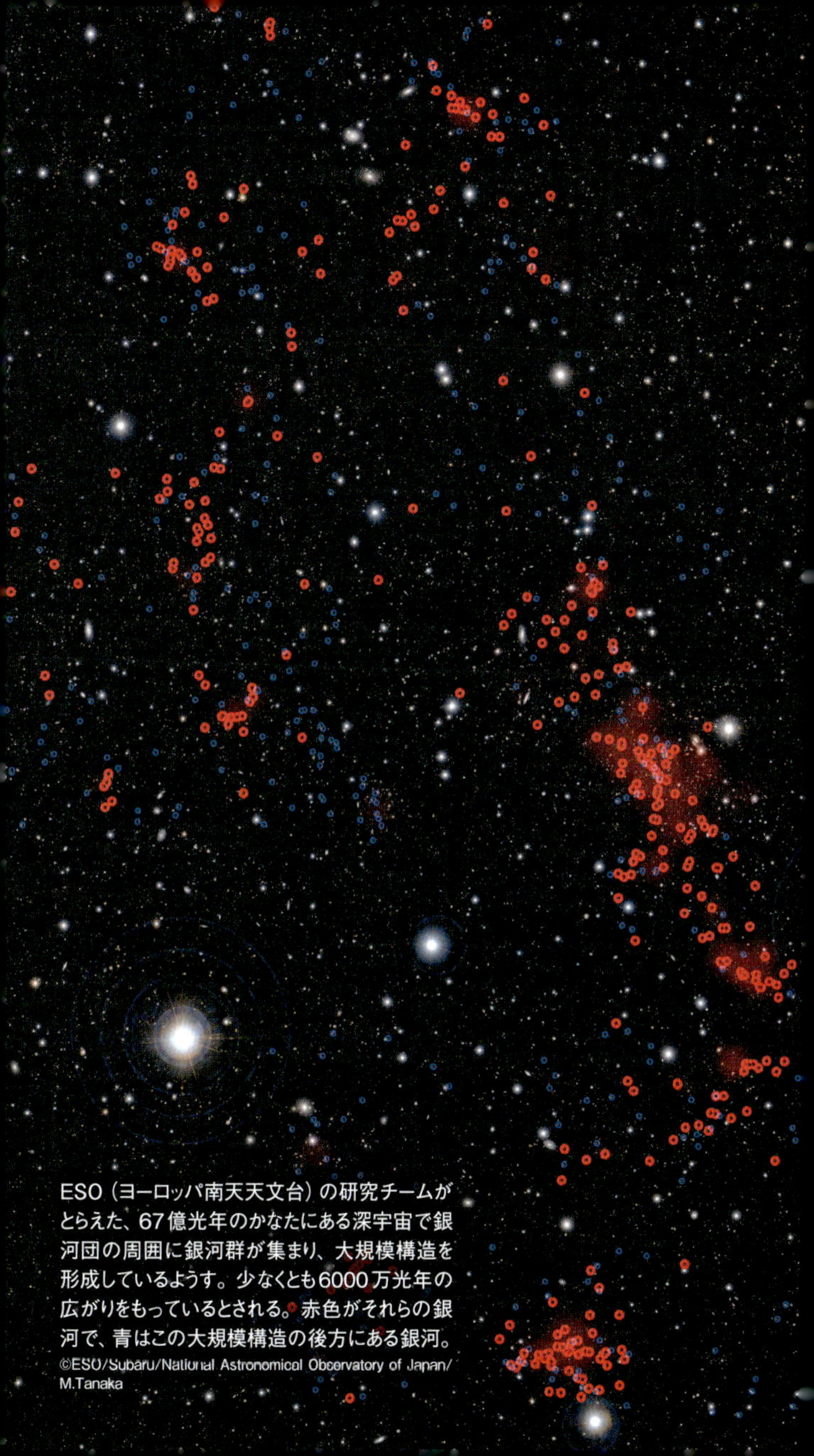

ESO（ヨーロッパ南天天文台）の研究チームがとらえた、67億光年のかなたにある深宇宙で銀河団の周囲に銀河群が集まり、大規模構造を形成しているようす。少なくとも6000万光年の広がりをもっているとされる。赤色がそれらの銀河で、青はこの大規模構造の後方にある銀河。

宇宙の大規模構造

たくさんの星が集まってできた銀河は、かつて、宇宙にまんべんなく散らばっていると思われていた。ところが、実際に観測を進めていくと、銀河はそのようには分布していなかった。撮像した銀河の写真から、銀河までの距離を正確に測り3次元分布図をつくってみると、銀河がほとんど存在しない場所と銀河がたくさん存在する場所にはっきりと分かれていたのだ。しかも、銀河はただ集まっているだけではなかった。

範囲を広げていくと、銀河が集まって超銀河団をつくり、これらが集まって巨大な壁（グレートウォール）のような構造物をつくって分布していた。そして、その壁は泡の膜のような球形をしていたのだ。宇宙で銀河は泡のような構造をつくり、つながっていて、泡に囲まれた空間はボイド（超空洞）になっている。このような泡が重なるように分布する宇宙の構造を「宇宙の大規模構造」という。

ではなぜ、宇宙に大規模構造がつくられるようになったのか。その原因をつくったのはダークマター（160ページ）であると考えられている。じつは、この宇宙はエネルギーが均一に広がっているように思われていたが、よく調べてみると10万分の1くらいの大きさでエネルギーにムラがあることがわかってきた。

このちょっとしたムラがあることによって、ダークマター密度にわずかな差ができた。ダークマターには質量があり重力をもっているので、ほかの場所よりもダークマターの量が多い場所は、周りにある物質をたくさん引き寄せることになる。そして、宇宙に水素原子とヘリウム原子がつくられたとき、これらの原子はダークマターの多い場所にたくさん集まるようになり、星と銀河がつくられていった。

星は一生を終えると周りにたくさんのガスやチリを放出する。そして、そのガスやチリが再び集まって新しい星が生まれていく。そのときも、やはりダークマターがたくさんある場所に物質が集まり、星が誕生するのだ。

このように、星の集団である銀河ができ、銀河が集まって大規模構造を形成したのである。ダークマターを直接観測することはできないが、大規模構造によって、ダークマターがたくさんある領域を推察することができるのだ。

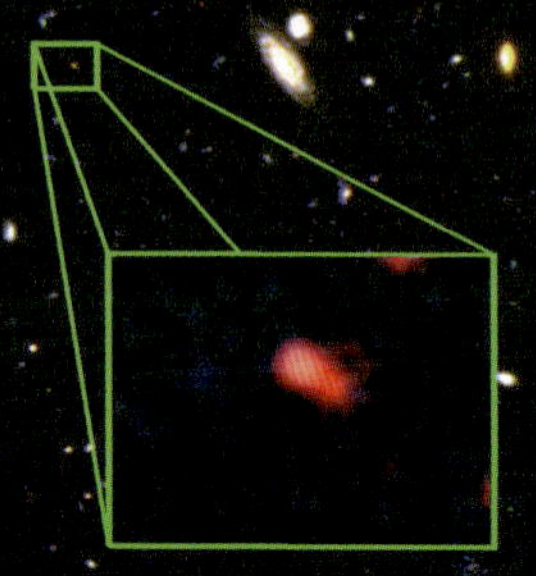

131億光年先にあり、2014年末現在、最遠方に位置する銀河、z8_GND_5296（写真左上、拡大写真も参照）。

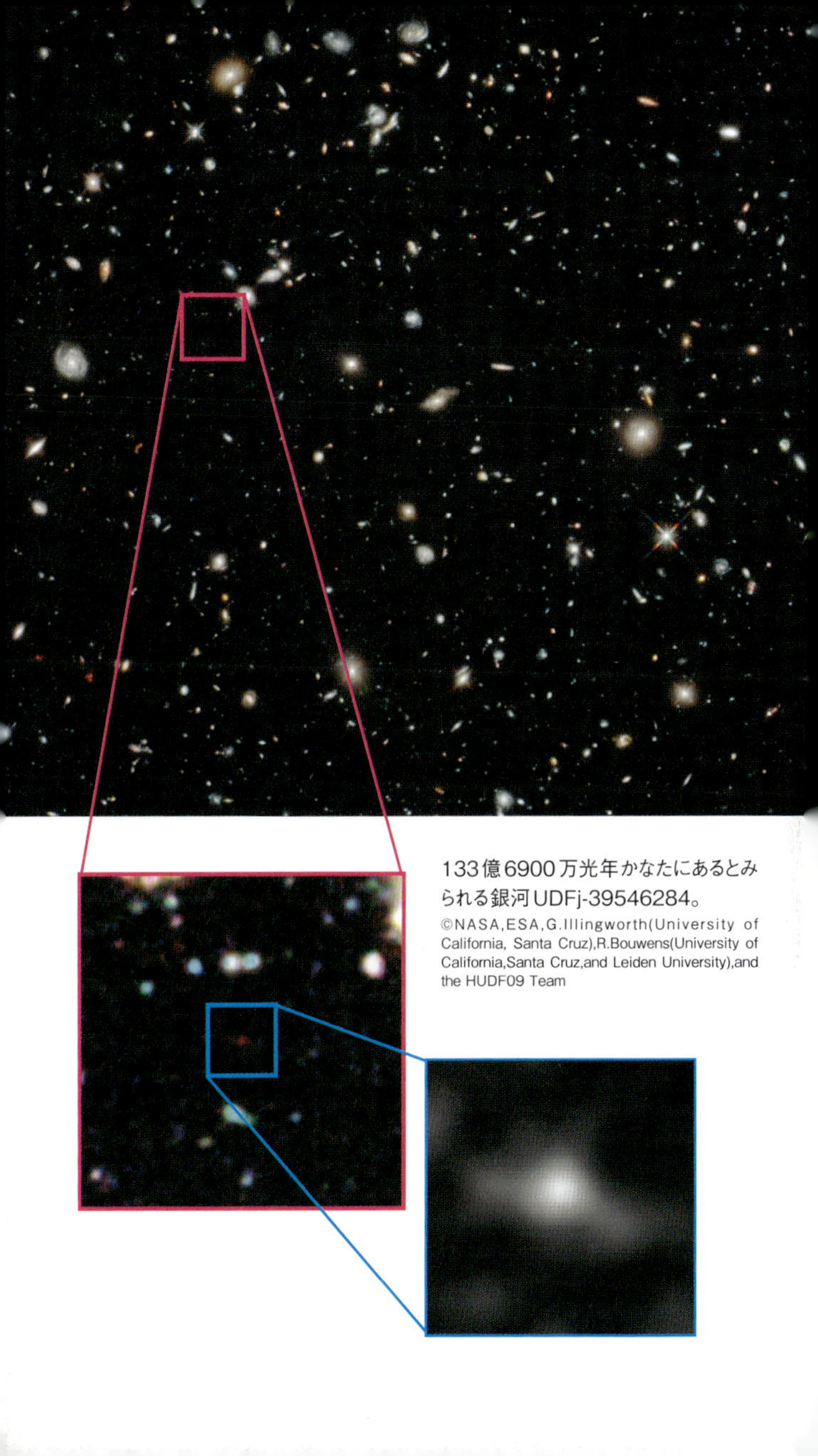

133億6900万光年かなたにあるとみられる銀河UDFj-39546284。

人類がとらえたもっとも遠くにある銀河とは？

天文学の歴史は、より遠くの天体をとらえる歴史でもあった。

遠くの天体を見るために人類が手にしたのが望遠鏡である。17世紀の初めにガリレオ・ガリレイが望遠鏡を夜空に向けて、月、木星、土星といった天体を観測して以来、人々は望遠鏡の性能をどんどん上げてきた。光を集めるための主鏡の直径が大きければ大きいほど、たくさんの光を集めて、より遠くの天体の情報を取得することができる。

ハワイのマウナケア山頂につくられた日本のすばる望遠鏡の主鏡は直径8・2mで、1枚鏡の望遠鏡としては世界最大の大きさを誇る。このすばるは2006年、地球から約129億光年離れた場所にある、IOK—1という銀河の観測に成功した。この銀河はそれまで知られていた銀河よりも遠くにあり、人類がとらえたもののなかで一番遠くにある銀河だった。

その後、2013年にハッブル宇宙望遠鏡とケック望遠鏡を使った観測によって、地球から131億光年先にある、もっとも遠い銀河z8_GND_5296が発見された。現在も世界中の天文台が、より遠くにある銀河を観測しようとしのぎを削っている。

そのなかで群を抜いて活躍しているのがハッブル宇宙望遠鏡だ。

ハッブル宇宙望遠鏡で、1995年にハッブル・ディープ・フィールドと呼ばれる観測が行われた。これは、さまざまな観測で撮影された同じ領域の画像を重ね合わせて、地上の望遠鏡では見ることができないほど遠くにある天体を探そうというもの。この手法は、2004年に公開されたハッブル・ウルトラ・ディープ・フィールド、2012年に公開されたハッブル・エクストリーム・ディープ・フィールドに引き継がれ、より遠い深宇宙の観測が行われている。

その結果、ハッブルによって132億～133億光年離れた場所に銀河UDF-j-395462884が発見された。さらに、赤外線で観測するスピッツァー宇宙望遠鏡と協力して、同じような距離にもうひとつの銀河、MACS0647-JDを発見した。ただし、このふたつの銀河は、現在の技術では距離を正確に決められず、本当に最遠銀河かは不明である。

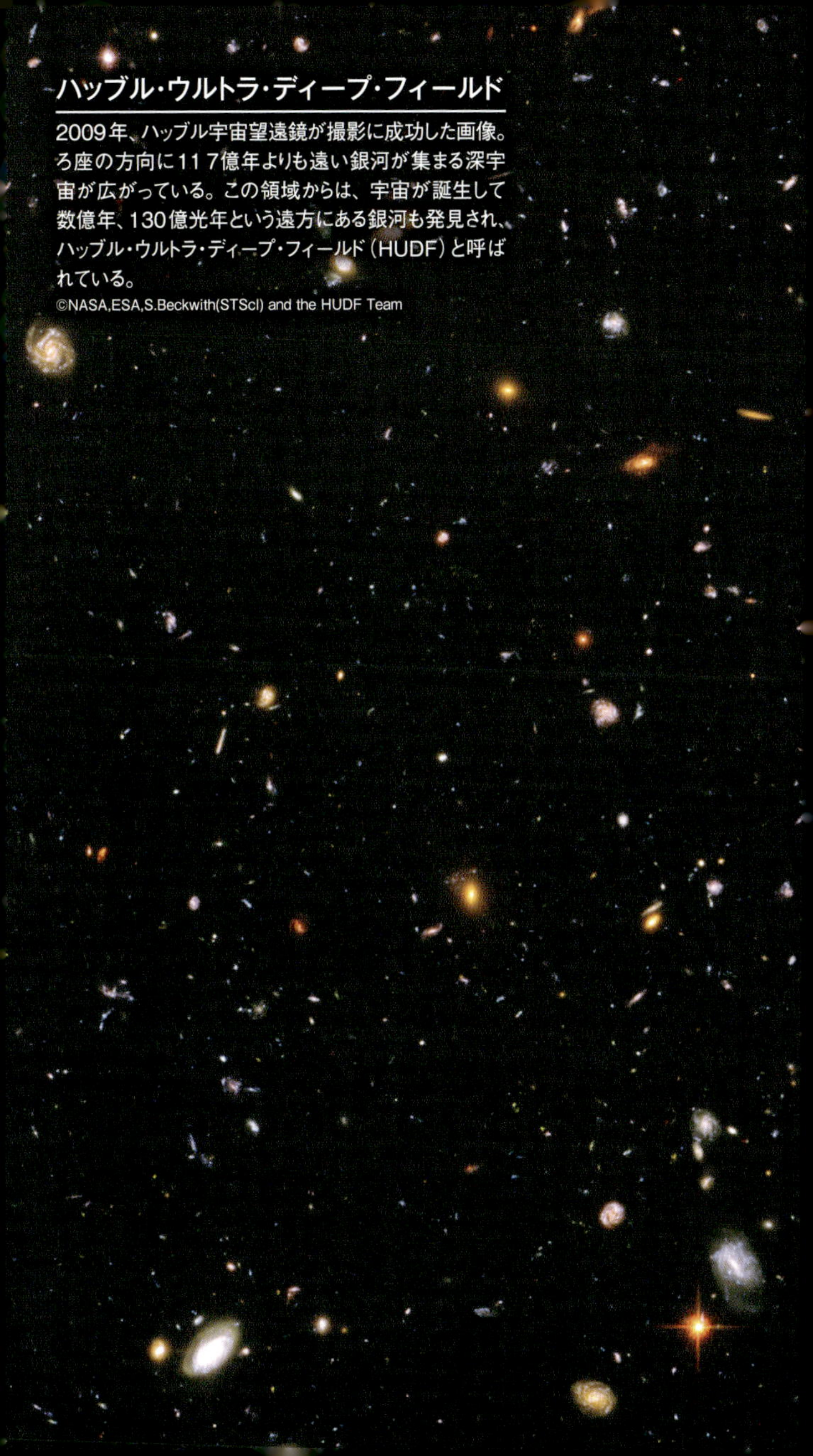

ハッブル・ウルトラ・ディープ・フィールド

2009年、ハッブル宇宙望遠鏡が撮影に成功した画像。ろ座の方向に117億年よりも遠い銀河が集まる深宇宙が広がっている。この領域からは、宇宙が誕生して数億年、130億光年という遠方にある銀河も発見され、ハッブル・ウルトラ・ディープ・フィールド（HUDF）と呼ばれている。

宇宙は火の玉だった——ビッグバン宇宙論

この宇宙は、どうなっているのか（空間）。そして、いつどのように誕生して現在に至り、これからどうなっていくのかだろうか（時間）。これらの空間（宇）と時間（宙）に対するふたつは、もっとも基本的、根源的な疑問で、人類は常に答えを求め続けてきた。

古代人は神話的な宇宙観で説明し、古代ギリシア世界では、哲学の問題として解決が試みられた。そして現代は、科学的に宇宙誕生のしくみを解明することで、ビックバン宇宙にたどりついたのだ。

この宇宙論を大きく変えたのが、１９２９年、アメリカのエドウィン・ハッブルが発表した「ハッブルの法則」（１７６ページ）である。アメリカのローエル天文台（アリゾナ州）のスライファーにより、渦巻き銀河のスペクトルから求めた視線速度は、アンドロメダ銀河を除いて赤方偏移していることが示された。ハッブルは、これらの銀河内のセファイド変光星を観測して、銀河までの距離を求めた。すると、遠い銀河ほど赤方偏移が大きく速い速度で遠ざかっていた。つまり、宇宙空間がまるで風船が膨らむように膨張していることをつかんだ。

宇宙が膨張しているなら、時間を巻き戻すと宇宙はどんどん小さくなっていき、ついには1点に凝縮してしまうことになる。そのように考えた理論物理学者ジョージ・ガモフは、1948年に発表した論文で「火の玉宇宙」のアイデアを提案した。これは、宇宙が1点に収束するならば、生まれたばかりの宇宙は高温高密度の火の玉のような状態で、このときに現存するすべての元素がつくられた、というものだった。

このアイデアは、あまりにも奇抜だったために批判を浴びた。ガモフの「火の玉宇宙論」は、根拠のない大ボラ吹きな理論だと決めつけられ、「宇宙はドッカーンと爆発して生まれたというのか」という皮肉を込めて、ビッグバン理論と呼ばれるようになった。だが、当のガモフはビッグバンという名前をいたく気に入り、その名称は定着していった。

その後、1964年にビッグバンの証拠である宇宙背景放射（宇宙誕生38万年後の光が赤方偏移した3度Kのマイクロ波という電波）が発見された。すなわち、宇宙の初期には火の玉のようなビッグバンが起こっていた証拠が見つかったのだ。

約60億年前から現在に至るまで、宇宙は再び加速膨張していることが判明。このエネルギー源は、ダークエネルギーと呼ばれる未知のエネルギーである。

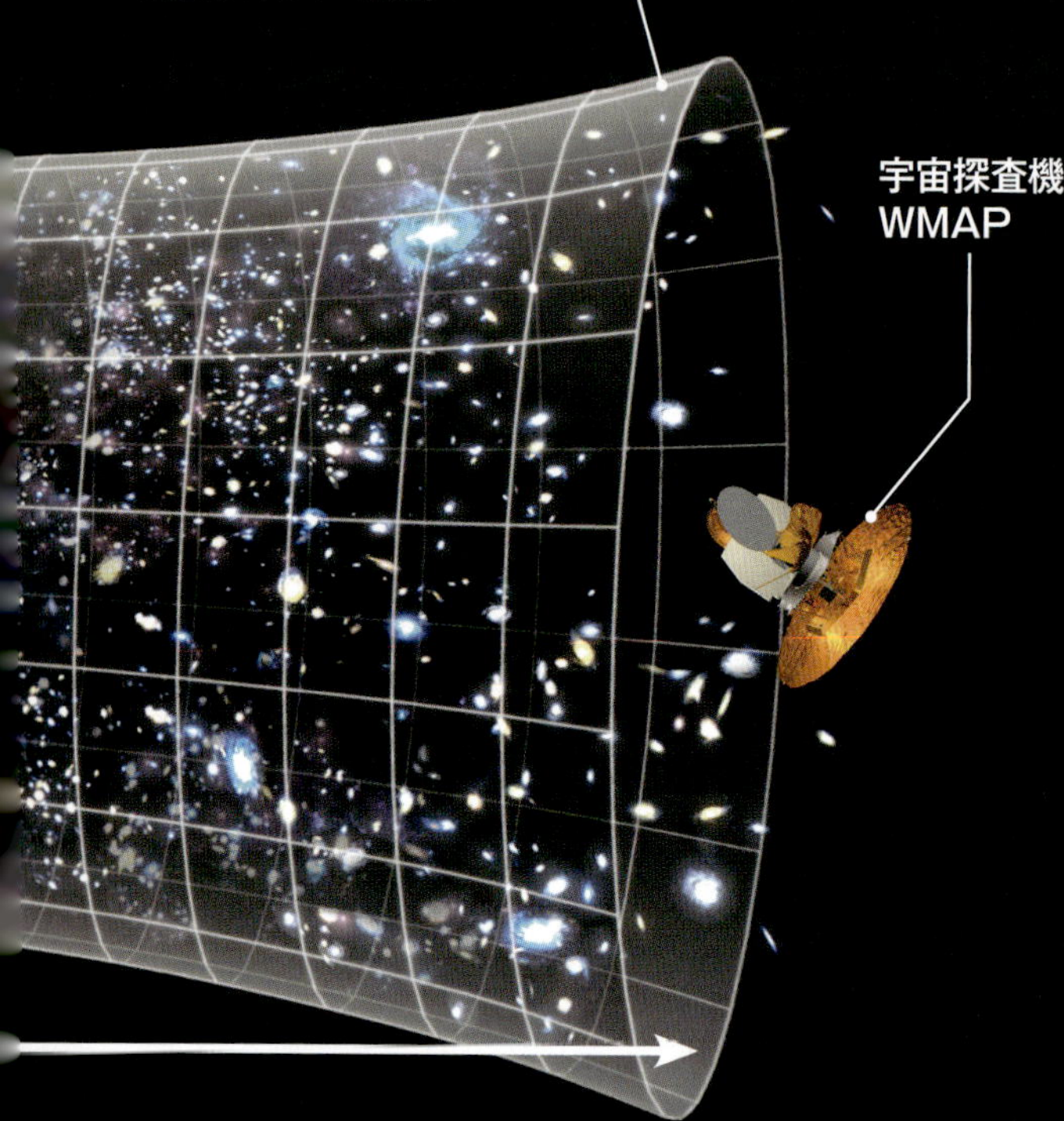

宇宙の歴史

NASAの宇宙探査機WMAP（ウィルキンソン・マイクロ波異方性探査機）がとらえた宇宙マイクロ波背景放射による全天マップなどを加工した、誕生から現在に至る宇宙のタイムラインをイメージした図。右が現在。

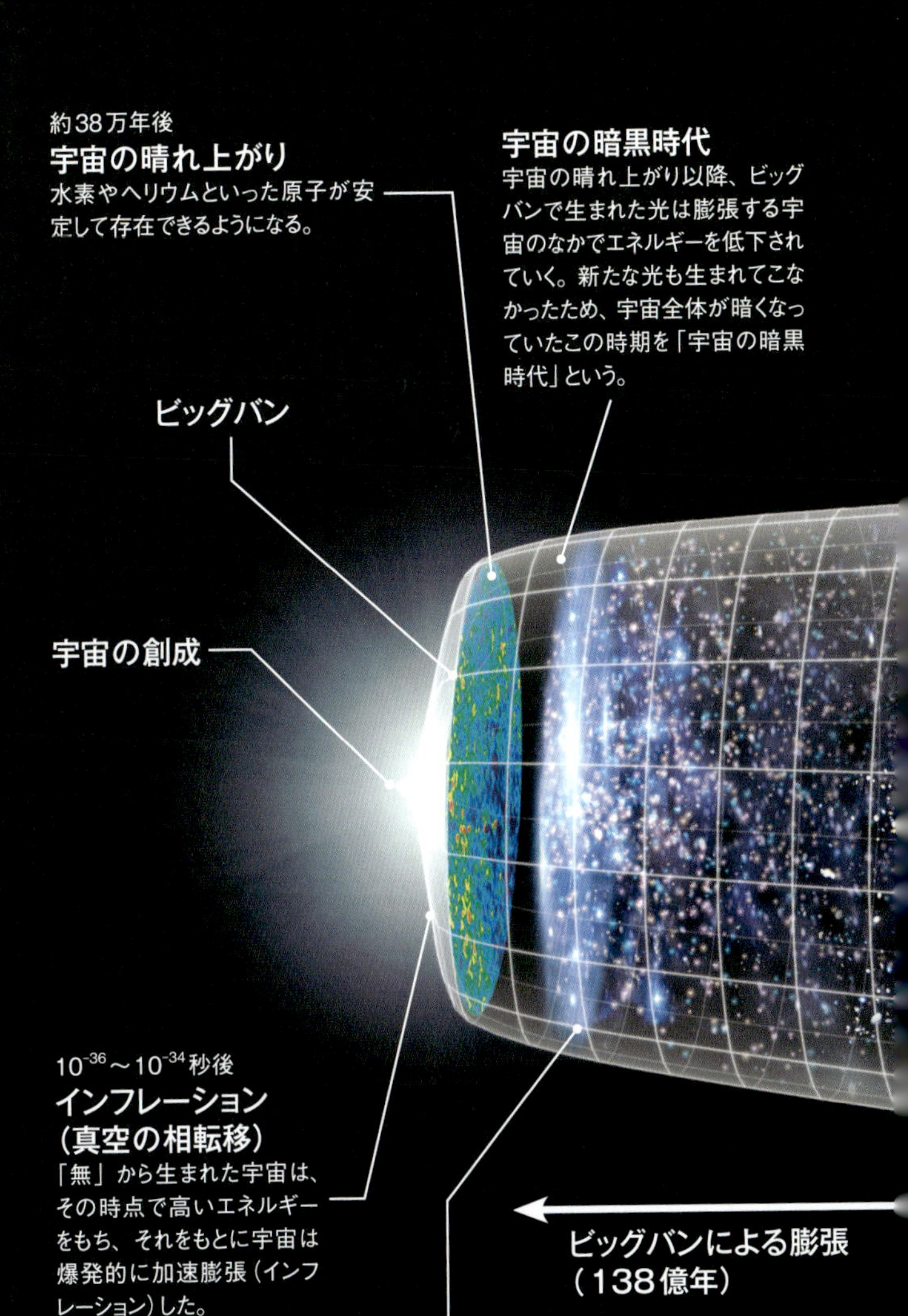
約38万年後
宇宙の晴れ上がり
水素やヘリウムといった原子が安定して存在できるようになる。
宇宙の暗黒時代
宇宙の晴れ上がり以降、ビッグバンで生まれた光は膨張する宇宙のなかでエネルギーを低下されていく。新たな光も生まれてこなかったため、宇宙全体が暗くなっていたこの時期を「宇宙の暗黒時代」という。
ビッグバン
宇宙の創成
10^{-36}～10^{-34}秒後
インフレーション
（真空の相転移）
「無」から生まれた宇宙は、その時点で高いエネルギーをもち、それをもとに宇宙は爆発的に加速膨張（インフレーション）した。
ビッグバンによる膨張
（138億年）
ファーストスター誕生
宇宙誕生から約3億年後、最初の星が誕生した。

インフレーション宇宙論の登場

宇宙の初期にビッグバンが起きたこと、宇宙が膨張したことは疑いようがないとしても、膨張宇宙論の標準モデルには原理的な矛盾があった。地平問題と平坦問題である。

地平問題とは、宇宙背景放射は宇宙のあらゆる方向からきている。これは宇宙が一様で等方なのだとする宇宙原理からすれば当然だ。しかし、宇宙には大きさがあり、始まりがあるのなら、地平線が存在する。そうであれば、宇宙背景放射は地平線の方向からくるはずなのに、さまざまな方向からくるのはおかしい、というもの。

平坦問題とは、観測される宇宙の曲率（密度パラメーター）にはむらがなく、とても平ら（平坦）である。しかし、宇宙初期に起きたビッグバンの勢いだけで、宇宙全体を非常に平らな形で均一に膨張させることはとても難しい、というもの。

また、宇宙で星ができるには、最初に原子を集めるだけの重力が必要になる。つまり、星ができる場所はほかの場所よりも重力が大きくなければいけない。これはダークマターの密度の違いで説明はできるものの、そもそもなぜ、ダークマターの密度に違いが生まれるのかという問題も新たに浮かび上がってくる。

こうした疑問を解決するために考えられたアイデアが、インフレーション理論だ。この理論は、アメリカのアラン・グース博士と日本の佐藤勝彦博士が、それぞれ別々に、同じ年に論文を発表した理論である。インフレーションとは、宇宙空間での桁外れに大きい加速度的な膨張をいう。宇宙誕生からプランク時間（10^{-44}秒後）までに重力と分かれた核力が、10^{-36}秒後に電磁力などと分かれた際、真空の相転移が起きた。このとき生じた斥力によって、10^{-34}秒後までに宇宙は10の300乗光年の大きさへと瞬間的に膨張した。つまり、この理論は、インフレーションの前、狭い空間にあって相互作用していた物質が、インフレーションによって広い領域に引き伸ばされたことを意味している。これならば、現在、宇宙のあらゆる方向から宇宙背景放射が観測されてもおかしくない。また、宇宙初期に不均一だった曲率もインフレーションで引き伸ばされて均一になり、平坦な宇宙として観測されるのも説明できる。そしてさらに、宇宙がインフレーションで大きくなったあと、蓄えられたエネルギーが熱や光に変化したためにビッグバンが起きたのだ。

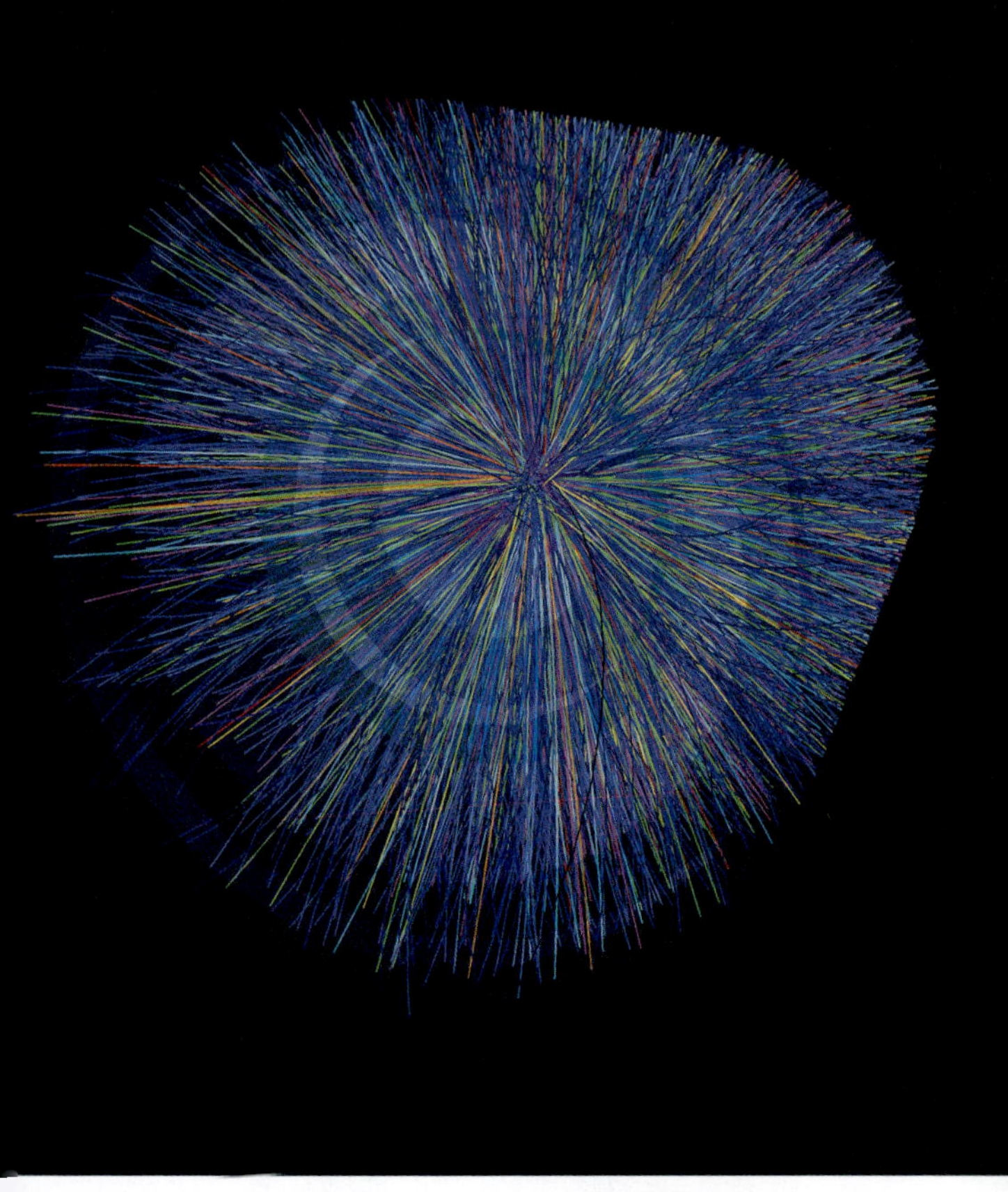

CERN（欧州原子核研究機構）のLHC（大型ハドロン衝突型加速器）という施設を使って、ビッグバンから数マイクロ秒後のようすが再現された。写真は、衝突でできた火の玉から広がった粒子の軌跡を表している。最初期の宇宙は超高温、高密度だっただけでなく、熱い液体のようなふるまいを見せた。

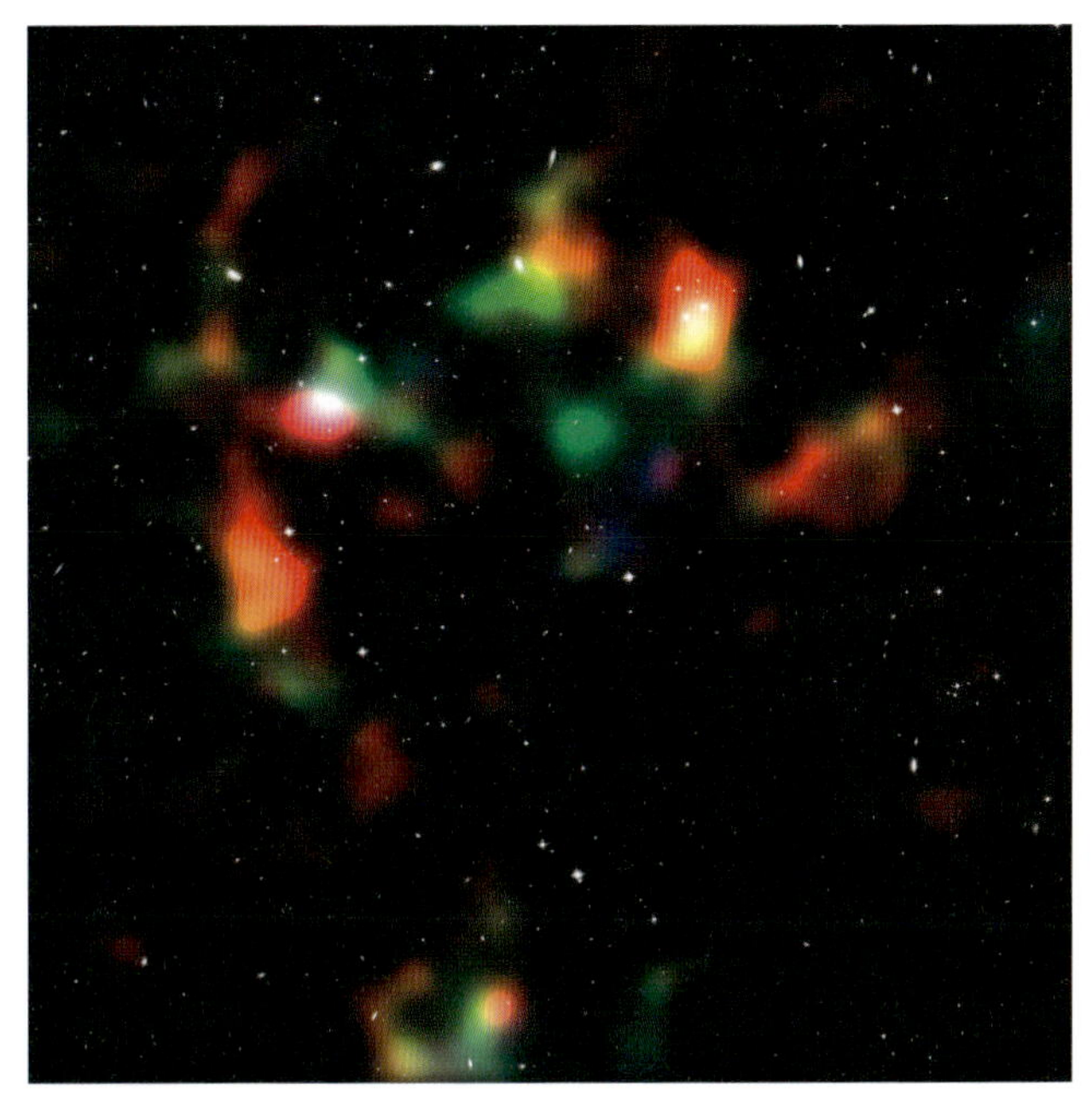

COSMOSフィールドと呼ばれる領域での物質（おもに暗黒物質）の分布を示す画像。これにより、時間をさかのぼったダークマター分布が判明し、宇宙の膨張がダークエネルギーによって加速していることが確認された。いっぽうで、ダークエネルギーの正体はわからないままだ。

■宇宙の構成

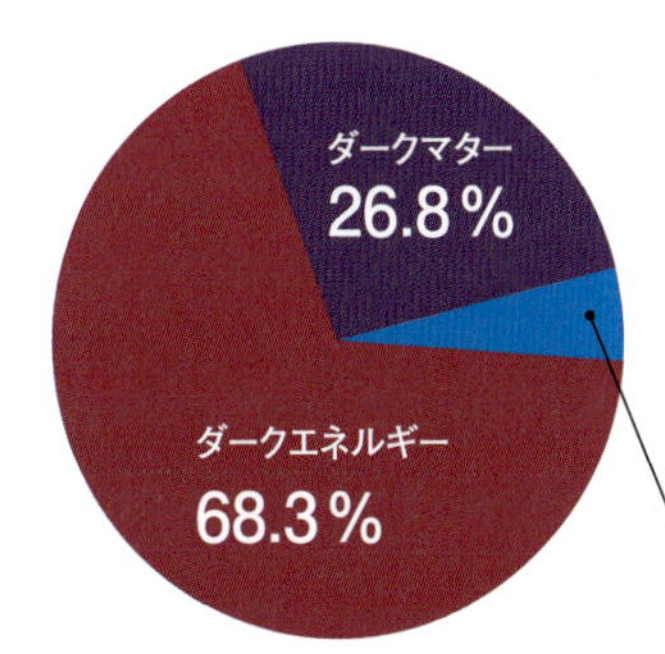

2013年3月、プランク宇宙望遠鏡の観測結果によって得られた宇宙における物質の構成。これまで22.7％ほどとされていたダークマターが増え、いっぽうで72.8％ほどとされていたダークエネルギーの割合が減少した。

正体がまるで不明なダークエネルギー

この宇宙のなかで、わたしたち人間が目にすることができるのは、銀河や星、惑星、星間チリといった原子でできている物質だ。しかし、これらの物質はこの宇宙におよそ4・9％しか存在していない。それ以外の95・1％のうち約26・8％がダークマター（160ページ）、約68・3％がダークエネルギーなのだ。

すでに述べたとおり、ダークマターの存在は、重力レンズ効果から明らかになった。クエーサーからくる光が、銀河の重力レンズ効果だけでは説明がつかないほど曲げられていた。この不足分がダークマターの重力による、ということになる。

重力レンズ効果の関係で、超銀河団とダークマターの分布領域が重なることから、今では宇宙におけるダークマターの分布がわかってきた。さらに、ダークマターの正体を検出するための実験装置もつくられている。ほとんど相互作用しないが、質量をもった重たい素粒子、ダークマターが検出される日も、そう遠くはないだろう。

いっぽう、宇宙の7割近くを占めているダークエネルギーは、ダークマターのように重力によって物質を引き寄せるのではなく、反対に「空間を押し広げるようにしてはたらき、宇宙を膨張させる力をもった仮想のエネルギー」だ。

宇宙が膨張して空間が広がると、ふつうなら物質の密度は小さくなるが、ダークエネルギーの密度は変わらない。つまり、ダークエネルギーは、空間が広がった分だけエネルギーが増えていくように見えてしまう不思議な物質（エネルギー）だ。

ダークエネルギーは、空間を押し広げるようにはたらくのだから、誕生直後の宇宙で起きたインフレーションにもかかわっていたと考えられている。ただし、現在までにダークエネルギーの正体は絞り込めてはいない。この謎解きは、今後進化し続けるであろう観測技術にかかっている。

ところで、静的な宇宙を考えていたアインシュタインは、重力に反発する力を示す「宇宙項」を自分がつくった宇宙方程式から削除した。しかし、この宇宙項こそは、のちに提唱されるダークエネルギーに相当していたのである。

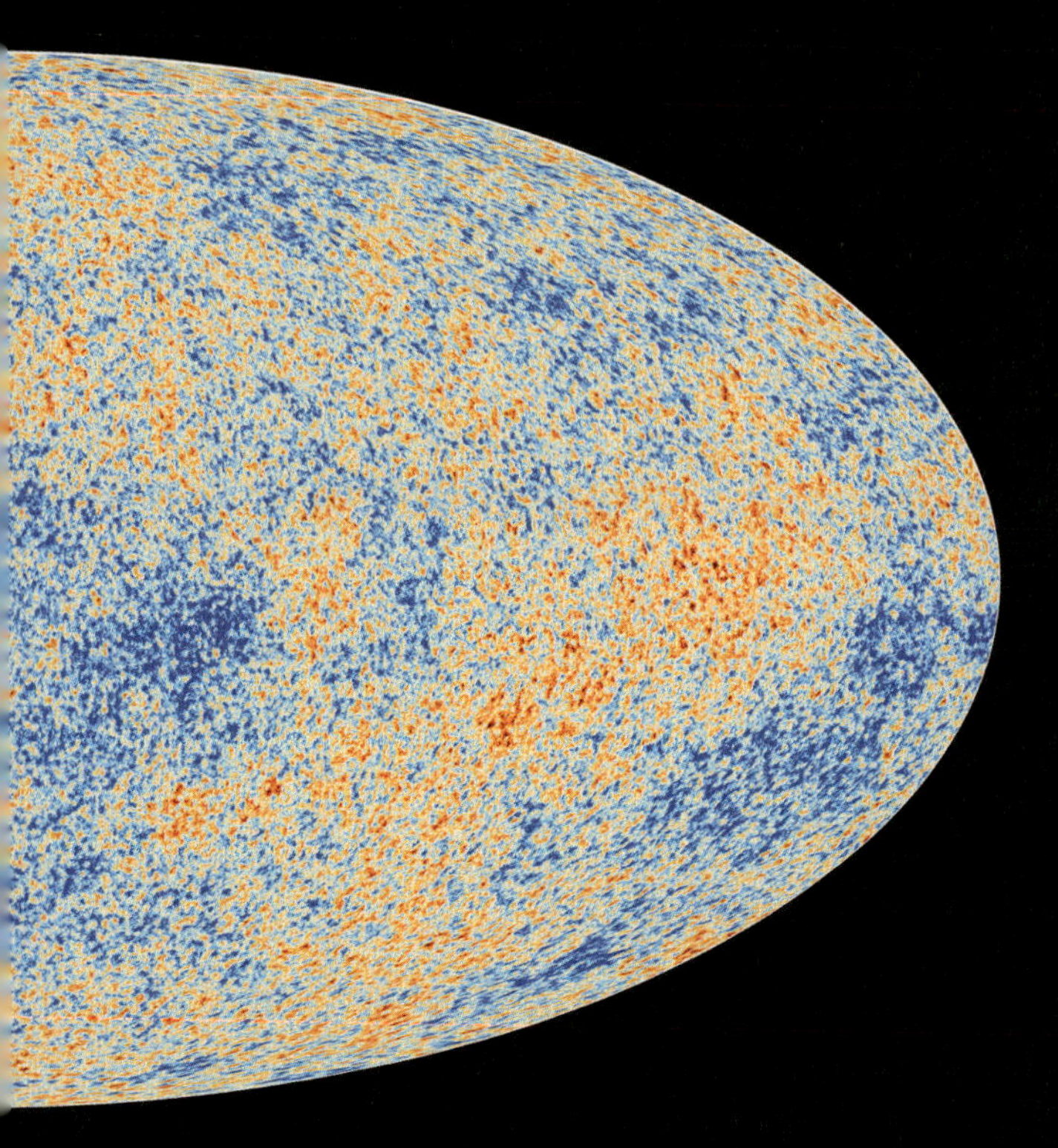

プランクによるCMB全天マップ

観測衛星プランクの宇宙マイクロ波背景放射（CMB）によって得られた全天マップ。青いほど低温、赤いほど高温域を示し、温度のムラは物質の密度差を意味している。このデータをもとに分析したところ、宇宙の誕生は、それまでの定説よりもさらに1億年前、今から約138億年前と見直された。なお、宇宙背景放射とは、宇宙誕生から38万年後、宇宙の晴れ上がりによってまっすぐ進めるようになった光が、宇宙膨張にともなうドップラー効果で波長を引き伸ばされ、マイクロ波という電波になって観測されるもの。

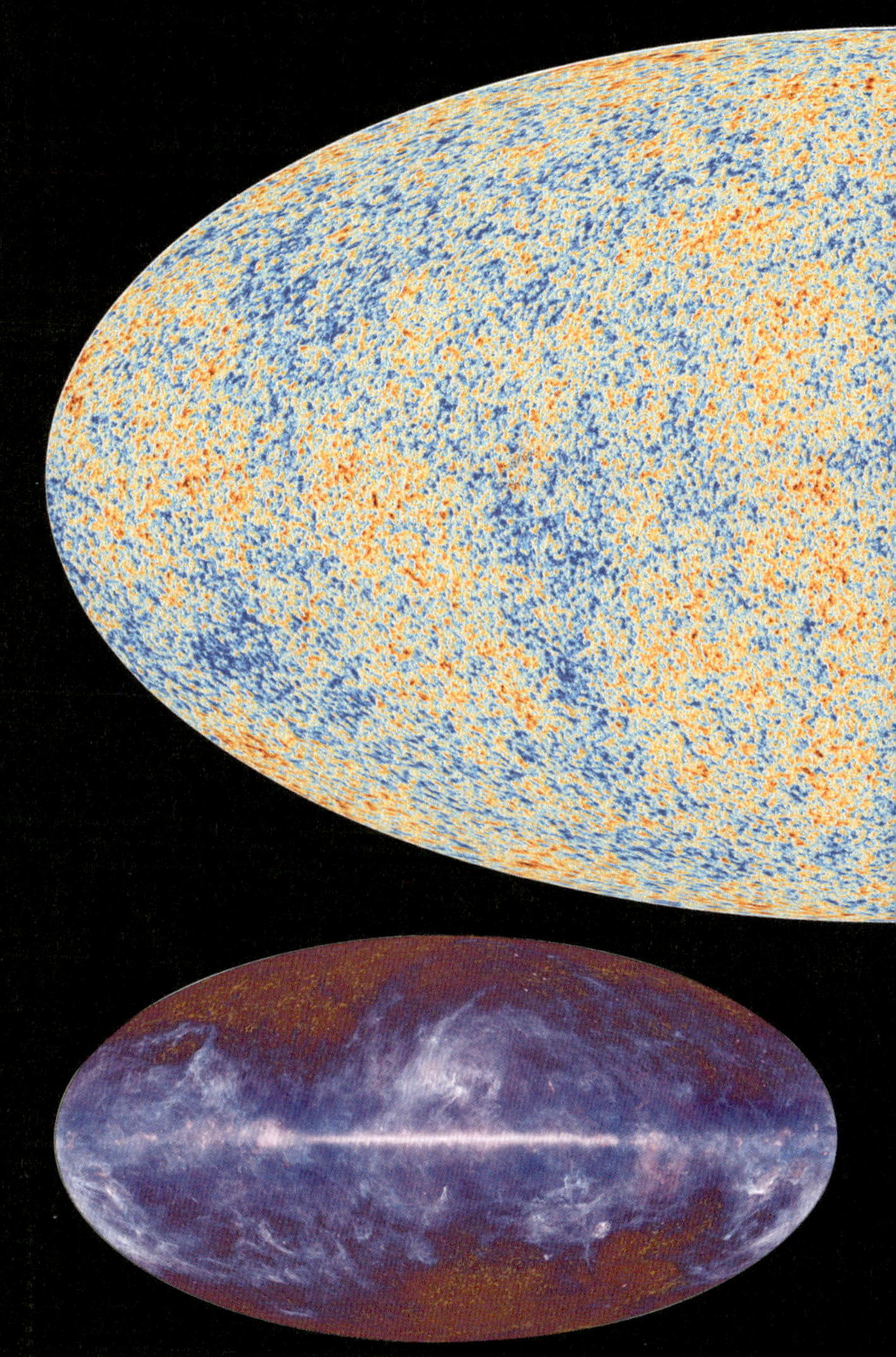

プランクによるマイクロ波全天マップ

画像の中心で明るく光っている水平の帯は天の川銀河で、銀河面の上下では天の川銀河のガスやチリが光り輝いている。なお、画像の上部と下部に見えるまだら模様は、宇宙背景放射（上写真）。

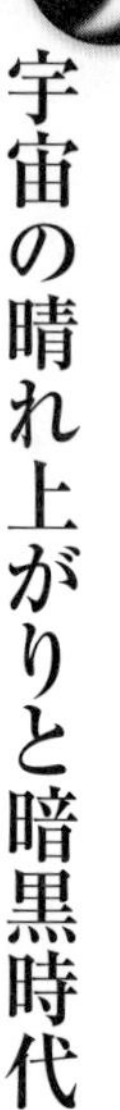

宇宙の晴れ上がりと暗黒時代

インフレーション後の宇宙は、ビックバンによって膨張していった。その過程で、高温高密度の初期宇宙は冷えていく。10^{-6}秒後の宇宙の温度は10^{13}℃。このときクオークから陽子、中性子などの核子ができるが、熱的平衡状態にあるので、それらはほぼ同じ数だけ存在した。それが3分後、宇宙の温度は10億℃まで下がり、エネルギーの高い中性子の割合が減り、熱的平衡が壊れることで重水素、ヘリウム、リチウム、ベリリウムなどの軽い原子核が合成された。このときの重量比は、水素が75%、ヘリウムが25%と少量のリチウム、ベリリウムで、現在存在するこれらの元素は宇宙初期の3分後に合成されたものである。陽子や中性子は合成と分解を繰り返し、宇宙空間は自由電子に満ちたプラズマ状態になっていた。光子は、電子に衝突してまっすぐ進むことができず、不透明な宇宙だった。

38万年後になると、宇宙の温度は3000℃まで下がる。このとき宇宙に転機が訪れた。中性子はβ崩壊して陽子になり、陽子は電子と結びついて水素原子が合成された。電子は陽子と結びついたため、宇宙空間にあった自由電子が激減し、光子は電子と相互作用することなく直進できるようになった。これを「宇宙の晴れ上がり」という。

このときの3000℃の黒体放射が、宇宙膨張により赤方偏移してマイクロ波として観測される3度Kの宇宙背景放射だ。

宇宙が晴れ上がったのは誕生から38万年後、水素とヘリウムだけが集まって最初の星（ファーストスター）が誕生したのは5億年後、この間の宇宙には光学望遠鏡の観測で何も見つかっていない。この光を放出する天体が存在しない時期を「宇宙の暗黒時代」と呼んでいる。現在ハワイに建設が始まっているTMT（口径30mの望遠鏡）が完成すれば、宇宙の暗黒時代の空白部分とファーストスターが観測され、新たな知見が得られるかもしれない。なお、ファーストスターは、太陽の100倍の大質量で、寿命は数億年と短かかった。超新星爆発のとき、星のなかで合成された鉄までの元素と超新星爆発時に合成されたすべての重元素が宇宙空間にまき散らされた。これらの星間ガスから、星、銀河、銀河団、超銀河団、宇宙大規模構造という階層構造がつくられたのだ。

宇宙は今も加速膨張しているのか？

誕生したばかりの宇宙は、原子のもととなる素粒子で構成されていた。それがインフレーションを起こし一瞬にして膨張、そしてビッグバンの大爆発が起こり、以降は一定の速度で膨張するようになり、現在の宇宙の姿になったのだ。

この宇宙が、ビッグバンのエネルギーだけで膨張しているのであれば、膨張速度はだんだんと減速し、やがて宇宙は収縮するだろうと思われる。ところが、観測機器の進歩によってデータが精密化してくると、この宇宙にはビッグバンのときの勢いだけでなく、空間を押し広げる反発力のようなものがあるのではないかと考えられるようになった。その反発力こそがダークエネルギー（２０８ページ）である。

ダークエネルギーの存在を最初に発見したのは、宇宙の大規模構造（１９２ページ）を調べていた研究者たちだった。彼らは、宇宙の大規模構造を精密に測定するなかで、ダークエネルギーのような存在がないと、この宇宙が成り立たないのではと考えていた。

そして１９９８年、アメリカのサウル・パールムッター博士たちのグループが、Ia型超新星（１４８ページ）を観測し距離を測定した結果、ダークエネルギーの存在を確かなものとする証拠にたどりついた。

Ia型超新星の明るさは決まっている。その光度から求めた距離と赤方偏移による後退速度から求めた距離には違いがあり、どれも予想される光度より明るかった。これは、宇宙空間のチリによる吸収などから生じた誤差ではなく、約60億年前から膨張速度が加速したことによるものだった。

同時期に、効率よくIa型超新星を発見していたオーストラリアのブライアン・シュミット博士とアメリカのアダム・リース博士のグループも、同様の結論を導き出した。こうして、ダークエネルギーの存在が明らかになったのである。

2グループの結果から、宇宙膨張のシナリオを考えると次のようになる。ビッグバンが起こってからしばらくは、ビッグバンの勢いが勝って宇宙はほぼ一定の速度で膨張していた。その膨張の勢いが衰え始めた矢先、ダークエネルギーの影響が大きくなり始め、宇宙の膨張速度が加速する第2のインフレーションが起こった。それは現在も続いている。

宇宙は将来どうなってしまうのか?

１３８億年前に誕生した宇宙は、インフレーション後、ビッグバンを起こして膨張し、時間とともに冷却し続けている。このシナリオは、ハッブルの法則による宇宙膨張、軽元素存在比、宇宙背景放射、宇宙初期に起きたインフレーション、Ia型超新星によるダークエネルギーの存在と宇宙誕生から60億年後から始まった第２のインフレーションによる膨張速度の加速などの宇宙の観測に基づき、理論を検証して組み立てられている。

では、将来の宇宙はどうなっていくのだろうか。ふたつの銀河間の距離（ｒ）は、宇宙初期からの時間をｔとすると、宇宙のスケール因子Ｒ（ｔ）で決められる。これに、宇宙（球殻）の運動エネルギーと重力ポテンシャルから成り立つ膨張宇宙のエネルギー保存則を代入して導いたのがフリードマン方程式だ。フリードマン方程式を解いた３つの解の定数ｋの符号が示す曲率で、宇宙膨張のシナリオが決まる。

第１の解は、宇宙の曲率が正（ｋ＞０）の場合で、宇宙が膨張したのち内部の星やダークマターなどの重力によって空間が収縮していく。やがて宇宙は、1点に集まって密度が無限になってつぶれる「ビッグクランチ」で最期を迎える。球面の閉じた宇宙である。

第2の解は、宇宙の曲率が0（k＝0）の場合で、どこかの時点で宇宙の加速膨張が緩やかになっていくというものだ。平面の開いた宇宙である。

第3の解は、宇宙の曲率が負（k＜0）の場合で、宇宙は無限膨張する。双曲面の開いた宇宙で、この場合、宇宙空間は膨張速度の加速についていけなくなり、最終的には素粒子レベルにまでバラバラに引き裂かれる「ビッグリップ」を迎える。

実際の宇宙が、3つの解のどれなのかは、密度パラメータを観測すると予測できる。平坦な宇宙の質量を仮定した密度を限界密度（ρ_0）とし、観測から求めた密度（ρ）との比、Ω（$\Omega=\rho/\rho_0$）が1より大きければ閉じた宇宙、1なら平坦な宇宙、1より小さければ開いた宇宙ということになる。もしΩが2だと138億年よりも前に「ビッグクランチ」を迎えてしまう。Ωが0・9なら、急激に膨張して宇宙に構造ができなかった。宇宙に生命や人間が誕生するには、Ωが1でなければならないのかもしれない。ダークマターやダークエネルギーが解明されると、宇宙の将来がより鮮明になることであろう。

ハッブル・エクストリーム・ディープ・フィールド

ハッブル・ウルトラ・ディープ・フィールド（198ページ）の中心部をとらえた、ハッブル・エクストリーム・ディープ・フィールド（XDF：究極の深宇宙）と呼ばれる領域。およそ132億年前に誕生したと考えられる銀河のほか、約5500個もの銀河の姿がある。青が紫外線、赤が赤外線、緑が赤外線と可視光でのデータ。

おわりに

46億年前に誕生した太陽系の地球には、138億年の歳月を経て生命が誕生し、人類が繁栄しています。これは偶然に思えますが、明らかにされた観測によるわたしたちの宇宙の描像からは、生命が誕生したのは必然であり、人間が生まれるために都合がよい「人間原理」に基づいて創られたように思えてきます。

人間は、古代から天を仰ぎ、宇宙の絶景に魅了され、あるときは脅威にさらされながら宇宙の真理を探究し続けてきました。人体をつくる元素は、水素、酸素、炭素、窒素で98・9％を占めています。これらの元素は星の核融合で合成されたものです。その後、超新星爆発により四散して星間ガスとなり星間雲のなかで再び星に……という流れを幾度か繰り返してできたのが太陽系です。そして、このとき地球が取り込んだ分子雲の元素でわたしたちの体はできています。そう考えると、宇宙こそはわたしたちの故郷なのです。そう想い眺める夜空に輝く星々は、まるでシンフォニーを奏でているかのように美しい。

その宇宙を宇宙科学では、観測可能な範囲に限定しているために、かつて哲学者が思い描いた森羅万象、すべてを包括した宇宙より貧困な世界に思えるかもしれません。しかし、科学によって解き明かされた宇宙は、頭で考えた哲学者の宇宙よりもはるかにダイナミックで、素晴らしい景観がたくさんちりばめられています。

本書は、人間が憧れる宇宙の絶景と宇宙をひも解いた人間の歩みを記述したものです。

宇宙の138億年を1年にたとえると、太陽系が誕生したのは9月、地球にクロマニヨン（新人類）が誕生して壁画を描いたのは12月31日59分のこととなります。宇宙の大きな時間のなかで、人間が存在しているのは、最近のほんの一瞬にすぎないのです。

また、宇宙を地球の海にたとえるならば、銀河は小島、太陽系は小島の砂浜の砂粒くらい、人間は限りなく小さな存在であることに気づかされます。そんな小さな存在の人間の智恵は、宇宙誕生から現在までの時間と空間を説明できる、すぐれた存在でもあります。

人間の宇宙探求の夢は、この地球で繁栄続けるかぎり止まることなく、大きく膨らんでいくことでしょう。読者のみなさまには、本書を手に荘厳な宇宙を旅していただき、小さいけれどすぐれている人間がもつ魅力を、未来に伝えていっていただければ幸いです。

２０１５年冬　　高橋　典嗣

■主要参考ホームページ（五十音・アルファベット順）
アストロアーツ　http://www.astroarts.co.jp/index-j.html
アルマ望遠鏡　http://alma.mtk.nao.ac.jp/j/
宇宙航空研究開発機構（JAXA）　http://www.jaxa.jp/
国立天文台　http://www.nao.ac.jp/
日本スペースガード協会　http://www.spaceguard.or.jp/ja/index.html

ESA　http://www.esa.int/ESA
ESO　http://www.eso.org/public/
HUBBLE SITE　http://hubblesite.org/
NASA　http://www.nasa.gov/index.html

■写真・イラスト
NASA、ESA、ESO、斎藤 博、三井和博、高橋典嗣、明星大学教育学部地学教室、東京大学宇宙線研究所 神岡宇宙素粒子研究施設、葛飾区郷土と天文の博物館、池下章裕、アフロ

■編集協力　田口 学、谷 一志（株式会社アッシュ）

■執筆協力（五十音順）　荒船良孝、松立学、村沢譲

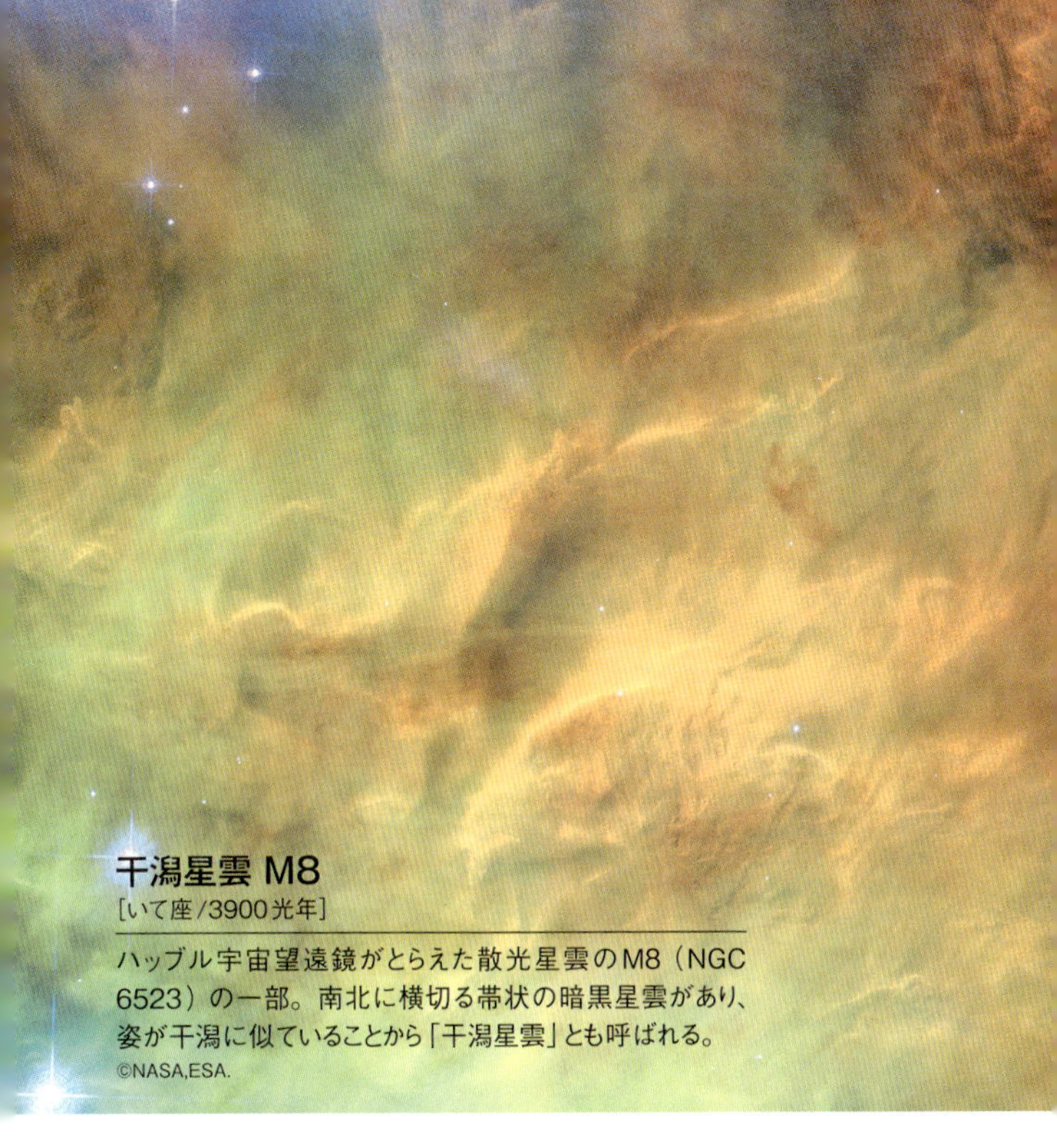

干潟星雲 M8
［いて座／3900光年］

ハッブル宇宙望遠鏡がとらえた散光星雲のM8（NGC 6523）の一部。南北に横切る帯状の暗黒星雲があり、姿が干潟に似ていることから「干潟星雲」とも呼ばれる。

■主要参考文献（刊行年順）

科学朝日編『天文学の20世紀』（朝日新聞社、1999）
クリストファー・ウォーカー編『望遠鏡以前の天文学 ― 古代からケプラーまで』（山本啓二・川和田晶子訳、恒星社厚生閣、2008年）
佐藤勝彦『インフレーション宇宙論』（講談社、2010年）
尾崎洋二『宇宙科学入門』（東京大学出版会、2010年）
荒舩良孝『5つの謎からわかる宇宙』（平凡社、2013年）
鈴木洋一郎『暗黒物質とは何か』（幻冬舎、2013年）
高橋典嗣、二間瀬敏史、吉田直紀監修『入門宇宙論』（洋泉社、2013年）
高橋典嗣監修『隕石と宇宙の謎』（宝島社、2013年）
フィリップ・セゲラ『宇宙探査機 ルナ1号からはやぶさ2まで50年間の探査史』（川口純一郎監修、吉田恒雄訳、飛鳥新社、2013年）
荒舩良孝『宇宙がわかる本』（宝島社、2014年）
二間瀬敏史監修『宇宙の謎と不思議2014』（洋泉社、2014年）
荒舩良孝『大人でも答えられない！宇宙のしつもん』（すばる舎、2014年）
高橋典嗣監修『月と暮らす本』（洋泉社、2014年）
高橋典嗣監修『宇宙ビジュアル大図鑑』（洋泉社、2014年）
縣秀彦監修『あなたの知らない宇宙138億年の謎』（洋泉社、2014年）

高橋典嗣（たかはし のりつぐ）

1958年、東京生まれ。日本スペースガード協会理事長。明星大学、神奈川工科大学、麻布大学、武蔵野大学非常勤講師。明星大学理工学部物理学科卒業。日本大学大学院博士前期課程で宇宙人間科学、千葉大学大学院博士後期課程で公共研究を専攻。日本学術会議天文学国際共同観測専門委員、日本学術観測団団長（ザンビア皆既日食）、学校科目「地学」関連学会協議会議長、天文教育普及研究会副会長などを歴任。著書に『46億年の地球史図鑑』（ベストセラーズ）、『巨大隕石から地球を守れ』（少年写真新聞社）、共著に『大隕石衝突の現実』（ニュートンプレス）ほか多数。

ベスト新書 462

138億年の宇宙絶景図鑑

二〇一五年二月五日　初版第一刷発行

著者◎高橋　典嗣

発行者◎栗原　武夫
発行所◎KKベストセラーズ
東京都豊島区南大塚二丁目二九番七号　〒170-8457
電話　03-5976-9121（代表）
http://www.kk-bestsellers.com/

装幀◎坂川事務所
本文デザイン・DTP製作◎奥主詩乃（アッシュ）
印刷所◎近代美術
製本所◎積信堂

ISBN 978-4-584-12462-8 C0244